心理素质训练手册

主　编：廖小伟
副主编：李　慧　潘　迪
参　编：刘晓恬　岳　芳

科学技术文献出版社
SCIENTIFIC AND TECHNICAL DOCUMENTATION PRESS
·北京·

图书在版编目（CIP）数据

心理素质训练手册 / 廖小伟主编. —北京：科学技术文献出版社，2022. 6
ISBN 978-7-5189-9249-2

Ⅰ. ①心…　Ⅱ. ①廖…　Ⅲ. ①心理素质—手册　Ⅳ. ① B848-62

中国版本图书馆 CIP 数据核字（2022）第 099151 号

心理素质训练手册

策划编辑：李　蕊　责任编辑：刘英杰　周　默　责任校对：王瑞瑞　责任出版：张志平

出　版　者　科学技术文献出版社
地　　　址　北京市复兴路15号　邮编　100038
编　务　部　（010）58882938，58882087（传真）
发　行　部　（010）58882868，58882870（传真）
邮　购　部　（010）58882873
官方网址　www.stdp.com.cn
发　行　者　科学技术文献出版社发行　全国各地新华书店经销
印　刷　者　北京虎彩文化传播有限公司
版　　　次　2022 年 6 月第 1 版　2022 年 6 月第 1 次印刷
开　　　本　787×1092　1/16
字　　　数　141千
印　　　张　8　彩插2面
书　　　号　ISBN　978-7-5189-9249-2
定　　　价　22.00元

目　录

学习任务一　自我探索能力训练

学习任务情境描述

寺里新来了一个小和尚，他积极主动地去见方丈，殷勤诚恳地说："我初来乍到，先干些什么呢？请方丈指教。"方丈微微一笑，对小和尚说："你先认识和熟悉一下寺里的众僧吧。"第二天，小和尚又来见方丈，诚恳地说："寺里的众僧我都认识了，接下来该去干些什么呢?"方丈微微一笑说："肯定还有遗漏，接着去了解、去认识吧。"3天过后，小和尚再次来见方丈，很有把握地说："寺里的所有僧侣我都认识了。"方丈微微一笑，因势利导地说："还有一人，你没认识，而且这个人对你特别重要。"小和尚满腹狐疑地走出方丈的禅房，一个人一个人地寻问着、一间屋一间屋地寻找着。在阳光里、在月光下，他一遍遍地琢磨、一遍遍地寻思。不知过了多少天，一头雾水的小和尚，在一口水井里忽然看到自己的身影，他豁然顿悟了，赶忙跑去见方丈……

世界上有一个人，离你最近也最远，与你最亲也最疏，你常常想起，也最容易忘记……这个人，就是你自己。看不清自己，不认识自己，结果往往就是活不明白，不明白自己为什么要活着，不明白人活着有什么意义。如果活了一辈子，连自己真正想要的是什么、自己应该去干些什么都没搞清楚，又何谈活得幸福、做出成就呢?

本次学习任务就是通过5个教学活动，即"制定课堂纪律管理方案""完成心理健康自我评估表""完成我的自画像""撰写生命价值感悟""总结异性交往受欢迎/不受欢迎特质"，帮助大家探索自我，进行自我剖析，最终形成一份纸质或电子版的自我分析报告。

学习任务要求

①研读任务书，依据任务情境描述把握本学习任务的关键点；
②积极参与课堂活动，勇于表达自己的观点和想法；
③自觉遵守课堂纪律和规范，积极配合教师开展教学；
④按要求完成给定的任务，能独立学习或与他人合作学习；
⑤善于反思，勤于动脑思考，主动与他人分享、交流；
⑥能够根据评价标准，客观地开展自我评价和相互评价；
⑦根据任务一学习评价表的评价结果，能对自我进行反思总结，愿意做出改变或改善。

学习目标

通过本次任务的学习，你应该能够：
①识读任务书，把握任务书的要点；
②能主动思考，积极参与小组活动、沟通、讨论和观点分享；
③了解心理健康的含义及标准，知道一般的心理健康教育的途径；
④养成关爱心理健康的意识，在生活中能主动利用有效资源维护自己的心理健康；
⑤理解认识自我的重要性，能客观认识、评价自己，树立积极的自我概念；
⑥了解生命的基本特性，意识到生命的意义和价值，形成珍爱生命的意识；
⑦了解青春期性心理特点，理解两性差异，在生活中能更好地与异性相处。

进度计划（表 1–1）

表 1–1 “自我探索能力训练”进度计划

序号	具体内容	时间安排（课时）
1	制定课堂纪律管理方案	2
2	完成心理健康自我评估表	2
3	完成我的自画像	2
4	撰写生命价值感悟	2
5	总结异性交往受欢迎 / 不受欢迎特质	2

学习活动 1　制定课堂纪律管理方案

建议学时：2 课时。

学习地点：教室。

学习准备：多媒体设备、任务书、手机、相关学材。

学习要求：能够激发对心理健康课的学习兴趣，理解学习课程要求及成绩评定办法，制定课堂纪律管理方案和完成心理健康状况测试。具体要求如表 1–2 所示。

表 1–2　教学流程

序号	活动步骤	要求	时间分配（分钟）	备注
1	明确任务	能够激发学习热情和学习兴趣，理解学习任务和学习目标	10	
2	获取资讯 生生互动	能够认识心理健康教育的重要意义，了解学习本课程的要求和成绩评定方法	25	
3	任务实施 师生互动	能够通过思考和讨论制定课堂纪律管理方案，完成心理测试	40	
4	评价总结	积极参与学习成果展示，客观进行自评和互评	15	

学习任务：进入新的学期、开展新的课程之前，我们需要共同制定课堂纪律管理方案（表 1–3），以有序地开展学习。请同学们思考、讨论本班的课堂纪律问题，并就相关问题提出应对方式。

表 1–3　课堂纪律管理方案

序号	项目	反馈
1	给本班上学期的课堂纪律打分（1 ～ 10 分）	得分： 理由： ① ②
2	你们对教师的课堂管理有什么期待	① ② ③

续表

序号	项目	反馈
3	你们觉得可以如何提升班级的课堂纪律	① ② ③
4	对于屡次扰乱课堂纪律的同学，有哪些好的建议	① ② ③
5	说说你们的奖惩办法	奖励办法： ① ② ③ 惩罚办法： ① ② ③
6	列举你们的学习承诺	① ② ③ ④ ⑤ ⑥

学习过程：

一、课前大讨论，拉近师生距离，揭开“心理”的神秘面纱

①想了解的关于老师的个人信息有哪些？

②你心目中的好老师是怎样的？

③老师要如何做，才能获得你们的信任、尊重和合作？

④最近都在玩什么游戏？它吸引人的地方在哪？反映了人的什么心理？

⑤你对心理学了解吗？了解哪些心理疾病或心理异常行为？

二、学习课程要求及成绩评定办法

①课堂纪律要求：互相尊重，相互合作，语言文明，不做与课堂无关之事。

②期末总评成绩评定办法：平时成绩（60%）+ 期末考试成绩（40%）。平时成绩由学习任务一至学习任务三的素养得分、专业能力得分和任务书完成情况得分三部分组成。

③小组讨论，制定课堂纪律管理方案。

三、探索心理健康教育的意义

你认为维护心理健康有哪些意义？

四、心理健康课程的教学形式（图 1–1）

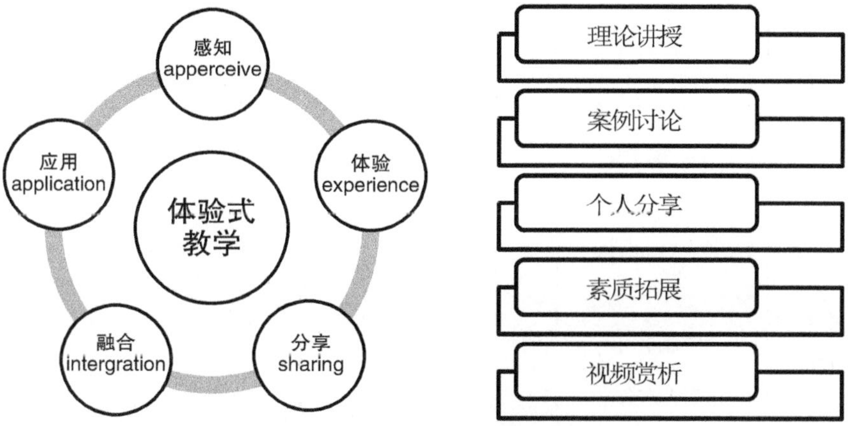

图 1–1　心理健康课程的教学形式

五、心理健康状况测试

请打开微信扫二维码（图 1–2），阅读测试说明并完成两个心理健康测试量表。

a 艾森克人格问卷二维码　b 心理健康症状自评量表二维码

图 1–2　相关二维码

六、学习评价表（表 1–4）

表 1–4　学习评价表

评分项目			配分	评分细则	自我评价	他人评价	教师评价
素养（30分）	纪律情况（15 分）	不迟到早退，不随意外出	5	违反一次扣 2 分			
		不玩手机，不睡觉	5	违反一次扣 3 分			
		学习用品准备齐全	5	缺少书、笔、本等每项扣 2 分			
		执行教师命令	0	此为否定项，违规酌情扣 10 ～ 100 分，违反校规按校规处理			
	5s（5 分）	桌面整洁干净	2	合格得 2 分，不合格不得分			
		仪容仪表规范	3	合格得 3 分，不合格扣 1 ～ 3 分			
	核心素养（10 分）	学习主动性	3	根据参与活动情况得 1 ～ 3 分			
		沟通能力	3	根据参与沟通、讨论的积极性得 1 ～ 3 分			
		制订计划	4	根据制订行动计划情况得 1 ～ 4 分			
专业能力（40分）	制定课堂纪律管理方案（40 分）	积极参与课堂活动	10	按照教师要求参与活动，视情况得 1 ～ 10 分			
		了解心理健康课程教学形式	10	能理解知识点并记笔记，视情况得 1 ～ 10 分			
		了解自己心理健康状况	10	能认真完成心理健康测试，积极分享自己的观点，视情况得 1 ～ 10 分			
		完成学习任务	10	积极参与互动并完成任务单，视情况得 1 ～ 10 分			

续表

<table>
<tr><td colspan="3">评分项目</td><td>配分</td><td>评分细则</td><td>自我评价</td><td>他人评价</td><td>教师评价</td></tr>
<tr><td rowspan="4">任务书完成情况（30分）</td><td rowspan="4">按时保质保量完成任务书（30 分）</td><td>按时完成</td><td>5</td><td>按时提交得 5 分，迟交不得分</td><td></td><td></td><td></td></tr>
<tr><td>内容完成程度</td><td>10</td><td>视情况得 1 ～ 10 分</td><td></td><td></td><td></td></tr>
<tr><td>格式规范与内容准确性</td><td>10</td><td>视情况得 1 ～ 10 分</td><td></td><td></td><td></td></tr>
<tr><td>书面整洁度</td><td>5</td><td>视情况得 1 ～ 5 分</td><td></td><td></td><td></td></tr>
<tr><td colspan="5">总分</td><td></td><td></td><td></td></tr>
<tr><td colspan="5">综合得分（自我评价 20%，他人评价 30%，教师评价 50%）</td><td colspan="3"></td></tr>
<tr><td colspan="4">教师评价签字：</td><td colspan="4">他人评价签字：</td></tr>
<tr><td colspan="8">请你根据以上打分情况，对本次课的学习状态进行总体评述（从素养的自我提升方面、专业能力的提升方面进行评述，分析自己的不足之处，并提出改进措施）：</td></tr>
<tr><td colspan="8">教师指导意见：</td></tr>
</table>

学习活动 2　完成心理健康自我评估表

建议学时：2 课时。

学习地点：教室。

学习准备：多媒体设备、任务书、手机、相关学材。

学习要求：通过该活动，能够初步评估自我心理健康状态并探讨改善自我心理健康的具体方法。具体要求如表 1–5 所示。

表 1–5　教学流程

序号	活动步骤	要求	时间分配（分钟）	备注
1	明确任务	能够激发学习热情和学习兴趣，理解学习任务和学习目标	5	
2	获取资讯 生生互动	能够科学地认识心理学和心理健康，了解技校生常见的心理问题，掌握学习保持心理健康的途径	35	
3	任务实施 师生互动	能够通过讨论和反思，对自我心理健康有初步的评估，并对改善心理健康状况提出具体方案	35	
4	评价总结	积极参与学习成果展示，客观进行自评和互评	15	

学习任务：健康的心理对健康的人生是至关重要的，学习心理健康的含义、标准及维护心理健康的方法之后，请大家完成心理健康自我评估表（表 1–6），并提出自我心理健康改善方案。

表 1–6　心理健康自我评估表

心理健康标准：	我的心理健康表现：	有待改善的地方：
①________	①________	①________
②________	②________	②________
③________	③________	③________
④________	④________	④________
⑤________	⑤________	⑤________
⑥________	⑥________	⑥________

续表

维护心理健康的方法：	我的心理健康改善方案
①________________	第一步：
②________________	
③________________	第二步：
④________________	
⑤________________	第三步：
⑥________________	

学习过程：

一、互动小游戏：命运药片

在电影《黑客帝国》中，墨菲斯给了主角红蓝两个药片，不一样颜色的药片会让主角的人生发生完全相反的变化。在这里也有两个不同的药片，假设服用不同药片能为你带来不同的未来，它们分别能够帮助你通达两种极致的人生境界：极致的成就和极致的健康。

选择黄色药片的人，未来的生活能够获得人人都期求的成就：功成名就、大富大贵、大红大紫，但是这种极致的成就是以健康为代价的，它会透支我们的身心健康和人际关系，以至于选择该药片的人可能会在领取荣誉时都挂着吊瓶，发表演说时都会遭到下面的人丢西红柿。

选择红色药片的人，未来的生活波澜不惊、一帆风顺，他的一生都会保持着良好的身心状态，在任何一个环境中都有一群喜爱着他的人们。但是这种极致的健康是牺牲成就的，做出这些选择的人要忍受终身平凡，甚至当外在环境发生巨大变迁时，他们也没有足够的资源和能力保护自己所爱的人和事物。

现在如果需要强迫你在这两者之间做出选择，你选黄色药片还是红色药片？为什么？

①你的选择是？为什么？

____

____

②如果在黄色药片和红色药片之间还有 A、B 两种（A 靠近黄色药片，B 接近红色药片）介于两者之间的药片，你会如何选择？为什么？

二、初步认识心理学

请根据你的第一感觉回答：

①对于一位据说是心理学家的陌生人，你认为他：

②心理学很：

三、了解心理健康的含义及标准

①请你列举 10 种生活中所见到或经历的心理不健康的行为或现象。

②阅读信息页，总结心理健康的两层含义。

③观看视频《心理健康的含义》，总结心理健康的标准。

四、了解技校生常见的心理问题

1. 参与问答互动，正确认识心理问题

2. 请列出你认为的技校生常见的心理问题

3. 互动小游戏

游戏内容如下：

①请你按照从上到下、从左到右的顺序，用最快的速度大声地将图 1–3（见书末彩插）的字读出来，注意只需要读出字，忽略颜色。

图 1–3　游戏图片

②接下来，请你按照同样的顺序，以最快速度读出图中每个字的颜色，忽略它的字义。

③读完两遍后，你发现了什么？为什么？这个游戏说明了什么？

____

____

五、学习保持心理健康的途径

①思考自己是否有以下困惑？

- 为什么有的人看上去很普通，却很受人欢迎？
- 为什么有些事我明明不想做，却无法对人说“不”？
- 为什么我以前的学习方法在现在就不管用？
- 为什么我明明知道那个女生也喜欢我，但就是不敢表白？

● 为什么我总无缘无故生气，怎样控制自己的情绪？

②在遇到心理困扰的时候，你是怎样处理的？如果你觉得自己没有什么心理问题和困扰，你有什么诀窍？

处理方法：____

____

诀窍：____

____

③阅读信息页，总结提炼保持心理健康的途径。

____

____

____

六、学习评价表（表 1–7）

表 1–7　学习评价表

评分项目			配分	评分细则	自我评价	他人评价	教师评价
素养（30分）	纪律情况（15分）	不迟到早退，不随意外出	5	违反一次扣 2 分			
		不玩手机，不睡觉	5	违反一次扣 3 分			
		学习用品准备齐全	5	缺少书、笔、本等每项扣 2 分			
		执行教师命令	0	此为否定项，违规酌情扣 10 ~ 100 分，违反校规按校规处理			
	5s（5 分）	桌面整洁干净	2	合格得 2 分，不合格不得分			
		仪容仪表规范	3	合格得 3 分，不合格扣 1 ~ 3 分			
	核心素养（10 分）	学习主动性	3	根据参与活动情况得 1 ~ 3 分			
		沟通能力	3	根据参与沟通、讨论的积极性得 1 ~ 3 分			
		团队合作	4	根据合作意愿和履行职责情况得 1 ~ 4 分			

续表

<table>
<tr><td colspan="3">评分项目</td><td>配分</td><td>评分细则</td><td>自我评价</td><td>他人评价</td><td>教师评价</td></tr>
<tr><td rowspan="4">专业能力（40分）</td><td rowspan="4">完成心理健康自我评估表（40 分）</td><td>积极参与活动体验</td><td>10</td><td>按照教师要求参与活动，视情况得 1 ～ 10 分</td><td></td><td></td><td></td></tr>
<tr><td>理解并记录心理健康含义及具体方面</td><td>10</td><td>能理解知识点并记笔记，视情况得 1 ～ 10 分</td><td></td><td></td><td></td></tr>
<tr><td>讨论、理解维护心理健康的途径</td><td>10</td><td>能积极参与讨论，理解、掌握、记录知识点内容，视情况得 1 ～ 10 分</td><td></td><td></td><td></td></tr>
<tr><td>完成学习任务</td><td>10</td><td>积极参与互动并完成任务单，视情况得 1 ～ 10 分</td><td></td><td></td><td></td></tr>
<tr><td rowspan="4">任务书完成情况（30分）</td><td rowspan="4">按时保质保量完成任务书（30 分）</td><td>按时完成</td><td>5</td><td>按时提交得 5 分，迟交不得分</td><td></td><td></td><td></td></tr>
<tr><td>内容完成程度</td><td>10</td><td>视情况得 1 ～ 10 分</td><td></td><td></td><td></td></tr>
<tr><td>格式规范与内容准确性</td><td>10</td><td>视情况得 1 ～ 10 分</td><td></td><td></td><td></td></tr>
<tr><td>书面整洁度</td><td>5</td><td>视情况得 1 ～ 5 分</td><td></td><td></td><td></td></tr>
<tr><td colspan="5">总分</td><td></td><td></td><td></td></tr>
<tr><td colspan="5">综合得分（自我评价 20%，他人评价 30%，教师评价 50%）</td><td colspan="3"></td></tr>
<tr><td colspan="4">教师评价签字：</td><td colspan="4">他人评价签字：</td></tr>
<tr><td colspan="8">请你根据以上打分情况，对本次课的学习状态进行总体评述（从素养的自我提升方面、专业能力的提升方面进行评述，分析自己的不足之处，并提出改进措施）：</td></tr>
<tr><td colspan="8">教师指导意见：</td></tr>
</table>

学习活动 3　完成我的自画像

建议学时：2 课时。

学习地点：教室。

学习准备：多媒体设备、任务书、手机、相关学材。

学习要求：通过该活动，能够理解乔哈里视窗理论，全面客观地认识自我，在同学的帮助下完成我的自画像。具体要求如表 1–8 所示。

表 1–8　教学流程

序号	活动步骤	要求	时间分配(分钟)	备注
1	明确任务	能够激发学习热情和学习兴趣，理解学习任务和学习目标	5	
2	获取资讯 生生互动	理解乔哈里视窗理论，掌握认识自我的方法，尝试悦纳自我	30	
3	任务实施 师生互动	通过活动和任务能够全面认识自我，完成自画像	35	
4	评价总结	积极参与学习成果展示，客观进行自评和互评	20	

学习任务：学习掌握认识自我的层面、认识自我的方法、悦纳自我的方法等内容。根据乔哈里视窗理论，思考自己的优缺点、潜能等，在同学的帮助下一起完成自画像（图 1–4）。

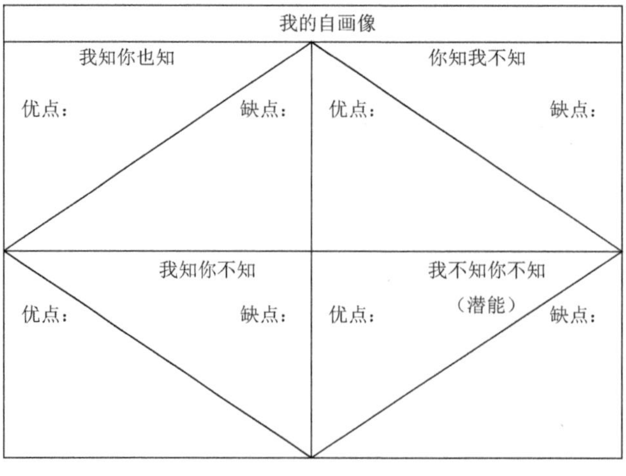

我的发现：怎么成为更好的自己？（或者完成一幅自画像）

图 1–4　我的自画像

学习过程：

一、了解自我认识的层面

1. 造句活动：我是谁

①如果你告诉别人 15 件关于自己的事，使别人清楚地了解你。你会告诉他们什么？你的个性？社会背景？生理特征？爱好？你拥有的东西？你亲近的人？请试着写下 15 个“我________”，并写好序号。

例：1. 我是一个乐观开朗的人；

2. 我的个子不高；

3. 我喜欢和朋友聊天谈心……

1. ________________________________

2. ________________________________

3. ________________________________

4. ______________________________
5. ______________________________
6. ______________________________
7. ______________________________
8. ______________________________
9. ______________________________
10. ______________________________
11. ______________________________
12. ______________________________
13. ______________________________
14. ______________________________
15. ______________________________

②请把你写的15个句子做以下归纳，填入对应的序号。

身高、外貌、体型、身体等方面有：______________________________

才智、情绪、性格、兴趣等方面有：______________________________

人际关系、背景、地位、作用等方面有：______________________________

2. 阅读教材并参与讨论，总结提炼自我认识的3个层面

____

二、学习自我认识的方法

1. 素质拓展活动：心理竞买

（1）活动规则

①本次活动共有10种心理商品可供选择，每种底价10万心币，每种商品数量有限，根据所出价格的高低，由出价高者优先购得。

②每人手中有且只有100万心币，它代表着父母等亲友的关爱及你以往十多年个人努力拼搏而积累培养的心理能力，请慎重消费。

③请同学们根据自己的需要和财力及商品的底价，写出你所选购商品的预付金额。出价以万心币为单位，不能低于底价，只能为整数，不要出现小数点和千心币及以下金额，一旦竞买开始不能更改。

④每个人手中的心币不能转让，不能两人或多人合买一种商品，不能重复购买同一

种商品。竞买结束后，剩余的心币作废（包括出价未购买到物品的心币也不能回收）。

⑤不选购或买不到某种商品，则意味着相关能力水平只能暂时维持现状，无法得到保障和提高。

（2）商品清单（表 1–9）

表 1–9　商品清单

序号	选购商品	底价（万心币）	预付金额（万心币）	竞买成败	重新排序
1	健康、强壮的身体	10			
2	远远高出其他人的智商	10			
3	令人羡慕的身材、相貌	10			
4	知足常乐的快乐心态	10			
5	自制力高，意志坚强	10			
6	足够的自信心，不自负不自卑	10			
7	使学习效果成倍提高的方法	10			
8	融洽的同学关系，亲密的朋友	10			
9	来自异性的好感	10			
10	亲人健康快乐，家庭和谐美满	10			
	合计	100			

（3）竞买流程

①请你对照表格中的心理商品，思考哪些对自己是重要的？要出多少心币购买它？

②请你在表格的“预付金额”一栏中选购对自己来说最重要的商品，不购买的画“×”，意欲购买的，标出预付金额。

③请核对所购商品的总金额不超过 100 万心币。

④教师主持竞买会，逐项拍卖。请你在“竞买成败”栏中分别用“√”“×”标记是否竞买成功。

⑤竞买结束后，根据自己的需要和反思，在“重新排序”栏中按照对你的重要程度将 10 种商品重新排序，最重要的排在第 1 位，最不重要的排在第 10 位。

（4）交流分享

①你是否将手中的钱全部花掉？为什么？你的感想是什么？

②你最想买的商品有哪些？为什么？想买的商品，最终买到了吗？为什么？

③你是否买到了其实并不是特别想要的商品？为什么？

④本次竞买活动对你有什么启示？

2. 在设定的现实情境中，认识和反思自我

活动：情境模拟。

你在参加一次重要考试或面试的路上，发现一个路人被汽车撞伤倒地不起，肇事司机逃逸，周围没有其他人，这时离考试或面试开始只有半小时了，你会如何处理这个状况？请现场模拟。

写下你对情境模拟的点评。

3. 总结自我认识的方法

三、尝试悦纳自我

1. 倾听教师讲解，理解悦纳自我的含义

2. 悦纳自我训练

（1）欣赏自己的优点

团体活动：优点轰炸。

规则如下：

①随机分组，每位同学先在本上写下自己的优点，按照顺时针逐个作为被欣赏的对象。

②小组其他同学给予补充，帮他 / 她找找自己没有认识到的优点，被欣赏者做好记录（每人 1 分钟）。

③继续按顺时针每 1 分钟换一个人，至每人轮到一次活动结束。

④夸奖别人时要做到真诚、相互尊重，夸奖对方的内容确实是客观存在的。

⑤活动结束后，每组请 1 ～ 2 位同学在全班介绍自己的优点，并谈谈自己在活动中的感受。

我认为我的优点有：________________

同学认为我的优点有：________________

（2）交流分享

①为自己写优点时，第一念头是什么？

____

____

②为自己写的优点多不多，说明了什么？

____

____

③收到他人赞赏有什么感受？

____

____

④这个活动还给了你什么启示或收获？

____

____

____

（3）视频赏析：《失落的一角》，看了这个视频，你有什么感想？

____

____

____

（4）接受自己的不足

活动：请列出几项你难以改变的缺点或不足，并说出其中至少一项的好处。

缺点或不足：____

____

某个缺点或不足的好处：____

____

3. 理解悦纳自我的方法

（1）欣赏自己的优点

在生活中，我们应该善于去发现自己的优点，每天想一次自己的优点和长处，并努力发扬这些优点和长处，这能让我们更加自信、更加接纳自己，能以更加积极的态度面对人生。

（2）接受自己的不足

我们应该勇敢地接受自己的缺点、不足或缺陷。每个人都有自己不完美的地方，接受自己的不完美，每天给自己一个完美的笑脸；努力改进自己、完善自己，而不是妄自菲薄、失去信心。

（3）客观评价自己

一个悦纳自我的人，并不意味着他的一切都是完美的，而是说他在接受自己优点的同时，也了解自己的缺点，很坦然地承认了自己的不足之处。而后，不断克服缺点，注意自我形象塑造，把握做人准则，不断完善自己，更加自信地面对生活，走向成功。

四、学习评价表（表 1–10）

表 1–10　学习评价表

评分项目			配分	评分细则	自我评价	他人评价	教师评价
素养（30分）	纪律情况（15分）	不迟到早退，不随意外出	5	违反一次扣 2 分			
		不玩手机，不睡觉	5	违反一次扣 3 分			
		学习用品准备齐全	5	缺少书、笔、本等每项扣 2 分			
		执行教师命令	0	此为否定项，违规酌情扣 10 ~ 100 分，违反校规按校规处理			

续表

评分项目			配分	评分细则	自我评价	他人评价	教师评价
素养（30分）	5s（5分）	桌面整洁干净	2	合格得2分，不合格不得分			
		仪容仪表规范	3	合格得3分，不合格扣1～3分			
	核心素养（10分）	学习主动性	3	根据参与活动情况得1～3分			
		沟通能力	3	根据参与沟通、讨论的积极性得1～3分			
		自我反思	4	根据课堂反思表现得1～4分			
专业能力（40分）	完成我的自画像（40分）	积极参与拓展活动体验	10	按照教师要求参与活动，视情况得1～10分			
		理解并记录乔哈里视窗	10	能理解知识点并记笔记，视情况得1～10分			
		讨论、理解认识自我的方法	10	能积极参与讨论，理解、掌握、记录知识点内容，视情况得1～10分			
		完成学习任务	10	积极参与互动并完成任务单，视情况得1～10分			
任务书完成情况（30分）	按时保质保量完成任务书（30分）	按时完成	5	按时提交得5分，迟交不得分			
		内容完成程度	10	视情况得1～10分			
		格式规范与内容准确性	10	视情况得1～10分			
		书面整洁度	5	视情况得1～5分			
总分							
综合得分（自我评价20%，他人评价30%，教师评价50%）							

续表

请你根据以上打分情况，对本次课的学习状态进行总体评述（从素养的自我提升方面、专业能力的提升方面进行评述，分析自己的不足之处，并提出改进措施）：
教师指导意见：

学习活动 4　撰写生命价值感悟

建议学时：2 课时。

学习地点：教室。

学习准备：多媒体设备、任务书、手机、相关学材。

学习要求：通过该活动，能够理解生命和死亡的内涵，培养良好的生死观，完成生命价值感悟的思考和撰写。具体要求如表 1–11 所示。

表 1–11　教学流程

序号	活动步骤	要求	时间分配（分钟）	备注
1	明确任务	能够激发学习热情和学习兴趣，理解学习任务和学习目标	5	
2	获取资讯 生生互动	能够理解生命的内涵和特征，对死亡有一定认知	30	
3	任务实施 师生互动	能够通过活动讨论完成对生命的理解和思考，并撰写感悟	35	
4	评价总结	积极参与学习成果展示，客观进行自评和互评	20	

学习任务：我们延长不了生命的长度，但我们可以拓宽生命的宽度。结合本次课学习内容，请谈一谈你对生命及生命价值的感悟。

你对生命及生命价值的感悟（200 字左右）。

学习过程：

一、认识生命

1. 生命的诞生

观看视频《子宫日记》，写下你对生命的认识和感悟。

____

____

2. 生命的基本特征

阅读信息页，总结生命的基本特征。

____

____

二、理解生命的内涵

1. 活动：无领导小组讨论

（1）讨论要求

①积极思考，根据情境描述独立地选择自己要救的人员。

②在分配好的小组内（6 人一组），积极发言，参与讨论。

③小组成员按顺时针方向每人发言 1 分钟，简单说明自己的选择及原因，然后组内充分讨论。

④讨论时间结束前，小组内务必达成一致意见。

⑤讨论过程中请注意课堂纪律，做到相互尊重、相互理解。

（2）情境描述

在公海上航行的一艘轮船，由于触礁在 30 分钟内即将沉没。轮船上只有一艘救生船可用，这艘救生船只可以乘坐 6 人。而这艘轮船上有 16 人，他们分别是：

① 船长，男，36 岁。

② 船员，38 岁。

③ 盲童，音乐天才。

④ 某公司经理，男，34 岁。

⑤ 某大学校长，男，博士。

⑥ 职业院校学生，女，18 岁。

⑦ 研究生，数学天才，24 岁。

⑧ 某保险公司推销员，少数民族，女，20 岁。

⑨ 生物学家，女，52 岁。

⑩ 生物学家的女儿，智力低下。

⑪ 警察，女，25 岁。

⑫ 某外企外方总经理，女，20 岁。

⑬ 罪犯，孕妇。

⑭ 医生。

⑮ 护士。

⑯ 英雄，重伤，女。

（3）讨论流程

①独立思考：在规定时间内选择你认为要救的 6 人，排好上救生船的顺序，并说明原因。

你的选择是：____

原因是：____

____

②小组讨论：在规定时间内讨论决定最终要救的 6 人，排好上救生船的顺序，并说明原因。

你们组的选择是：____________________________________

原因是：____

____

③班内分享：每组推荐一位同学将讨论结果在班内分享，并说明原因。

④通过本活动，请谈谈你对生命的理解与思考。

2. 活动：生命的纸条

活动准备：

准备一张长条纸（图 1–5），用笔将它分成 10 份（中间部分刚好每两列一份，代表生命中的 10 年，分别写上 0，10，20，…，100）。

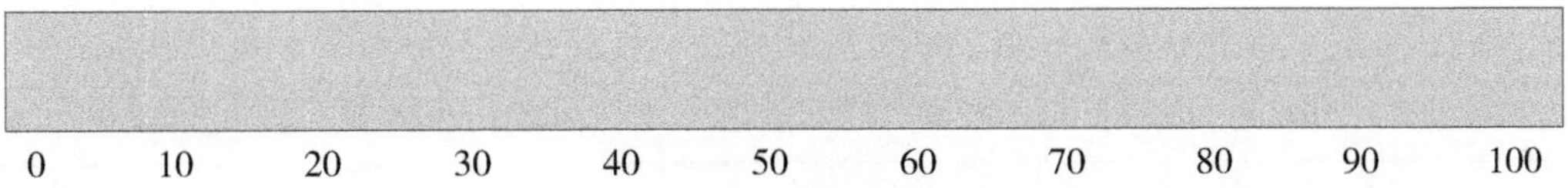

图 1–5　长条纸

活动操作：

①第一个问题：假如现在你个人的生命处于 0 ～ 100 岁，请问你现在几岁？（备注：以下活动均为独立完成）

请你在纸条上找到自身年龄对应的刻度，把相应的部分从前面撕掉。（提示：过去的生命再也回不来了！请彻底撕干净！）

②第二个问题：请问你想活到几岁？

如果不想活到 100 岁的话就从后面把那部分撕掉。

③第三个问题：请问你想几岁退休？

请把相应的退休年龄以后的部分从后面撕下来，不用撕碎，放在桌子上。现在剩下的纸条长度，就是你可以用来工作和学习的时间。

④第四个问题：请问一天 24 小时你会如何分配？

一般人通常是睡觉 8 小时（有人还不止呢！），占了 1/3。吃饭、休息、聊天、看电视、游玩等又占了 1/3。其实真正可以工作的时间只剩 1/3，约 8 小时。所以请将剩下来的纸条折成三等份，并把 2/3 撕下来，放在桌子上。

⑤第五个问题：请用左手拿起剩下的 1/3，用右手把退休那一段和刚才撕下的 2/3 加在一起比比看。请思考一下，你要用左手的 1/3 时间工作创造价值，提供自己另外 2/3 时间的吃喝玩乐及退休后的生活。

⑥第六个问题：想一想，你要在这么短的时间内创造多少价值（赚多少钱、存多少钱）才能养活自己上述的日子？这还不包括给父母、子女、配偶的哦！

⑦第七个问题：请问你现在有何感想？

你的感想：______________________________

____

你的规划：______________________________

____

3. 活动：我的墓志铭

假如 60 年后你的生命即将走到尽头，请你用一段话对自己的一生进行总结和评价（100 字左右）。

____

____

____

____

____

____

三、探索生命的价值

1. 认识自己的生命价值

（1）说一说：我能为他们做什么

父母很辛苦，我能：______________________________

____

朋友有烦恼，我能：______________________________

____

同学有困难，我能：______________________________

____

（2）欣赏视频《生命的价值》，感悟每个人生命价值的实现

2. 探索自己实现生命价值的方式

请你写出3种实现自己生命价值的方式（或者想干什么有意义的事实现自己的价值），在班级内分享、交流。

①____

②____

③____

四、学习评价表（表1–12）

表1–12　学习评价表

评分项目			配分	评分细则	自我评价	他人评价	教师评价
素养（30分）	纪律情况（15分）	不迟到早退，不随意外出	5	违反一次扣2分			
		不玩手机，不睡觉	5	违反一次扣3分			
		学习用品准备齐全	5	缺少书、笔、本等每项扣2分			
		执行教师命令	0	此为否定项，违规酌情扣10～100分，违反校规按校规处理			

续表

<table>
<tr><th colspan="3">评分项目</th><th>配分</th><th>评分细则</th><th>自我评价</th><th>他人评价</th><th>教师评价</th></tr>
<tr><td rowspan="6">素养（30分）</td><td rowspan="2">5s（5分）</td><td>桌面整洁干净</td><td>2</td><td>合格得2分，不合格不得分</td><td></td><td></td><td></td></tr>
<tr><td>仪容仪表规范</td><td>3</td><td>合格得3分，不合格扣1～3分</td><td></td><td></td><td></td></tr>
<tr><td rowspan="4">核心素养（10分）</td><td>学习主动性</td><td>3</td><td>根据参与活动和发言情况得1～3分</td><td></td><td></td><td></td></tr>
<tr><td>工匠精神</td><td>3</td><td>能认真独立完成学习任务，有新观点、新想法，视情况得1～3分</td><td></td><td></td><td></td></tr>
<tr><td>团队合作</td><td>4</td><td>根据合作意愿和履行职责情况得1～4分</td><td></td><td></td><td></td></tr>
<tr><td rowspan="4">专业能力（40分）</td><td rowspan="4">撰写生命价值感悟（40分）</td><td>能理解生命和死亡的含义</td><td>10</td><td>能理解知识点并记笔记，视情况得1～10分</td><td></td><td></td><td></td></tr>
<tr><td>积极参与思考和小组讨论</td><td>10</td><td>按照教师要求参与讨论，视情况得1～10分</td><td></td><td></td><td></td></tr>
<tr><td>讨论成果展示</td><td>10</td><td>根据任务要求，完成任务并分享成果得1～10分</td><td></td><td></td><td></td></tr>
<tr><td>完成学习任务</td><td>10</td><td>积极参与互动并完成任务单，视情况得1～10分</td><td></td><td></td><td></td></tr>
<tr><td rowspan="4">任务书完成情况（30分）</td><td rowspan="4">按时保质保量完成任务书（30分）</td><td>按时完成</td><td>5</td><td>按时提交得5分，迟交不得分</td><td></td><td></td><td></td></tr>
<tr><td>内容完成程度</td><td>10</td><td>视情况得1～10分</td><td></td><td></td><td></td></tr>
<tr><td>格式规范与内容准确性</td><td>10</td><td>视情况得1～10分</td><td></td><td></td><td></td></tr>
<tr><td>书面整洁度</td><td>5</td><td>视情况得1～5分</td><td></td><td></td><td></td></tr>
<tr><td colspan="5">总分</td><td></td><td></td><td></td></tr>
<tr><td colspan="5">综合得分（自我评价20%，他人评价30%，教师评价50%）</td><td colspan="3"></td></tr>
<tr><td colspan="4">教师评价签字：</td><td colspan="4">他人评价签字：</td></tr>
</table>

续表

请你根据以上打分情况，对本次课的学习状态进行总体评述（从素养的自我提升方面、学科专业能力的提升方面进行评述，分析自己的不足之处，并提出改进措施）：
教师指导意见：

学习活动 5　总结异性交往受欢迎 / 不受欢迎特质

建议学时：2 课时。

学习地点：教室。

学习准备：多媒体设备、任务书、手机、相关学材。

学习要求：通过活动，能够正确认识异性友谊，促进自身个性的完善和人际交往能力的提高。具体要求如表 1–13 所示。

表 1–13　教学流程

序号	活动步骤	要求	时间分配（分钟）	备注
1	明确任务	能够激发学习热情和学习兴趣，理解学习任务和学习目标	5	
2	获取资讯 生生互动	能够正确认识青春期异性友谊，了解性意识及其发展	30	
3	任务实施 师生互动	能够通过讨论完成受欢迎和不受欢迎特质的总结，从而促进自身个性的完善和人际交往能力的提高	35	
4	评价总结	积极参与学习成果展示，客观进行自评和互评	20	

学习任务：进入青春期，我们的生理和心理慢慢发生变化，开始特别关注异性，渴望接触、了解他（她）。接下来，请同学们小组讨论并总结在异性交往中，哪些特质是受欢迎的，哪些特质是不受欢迎的（图 1–6）。

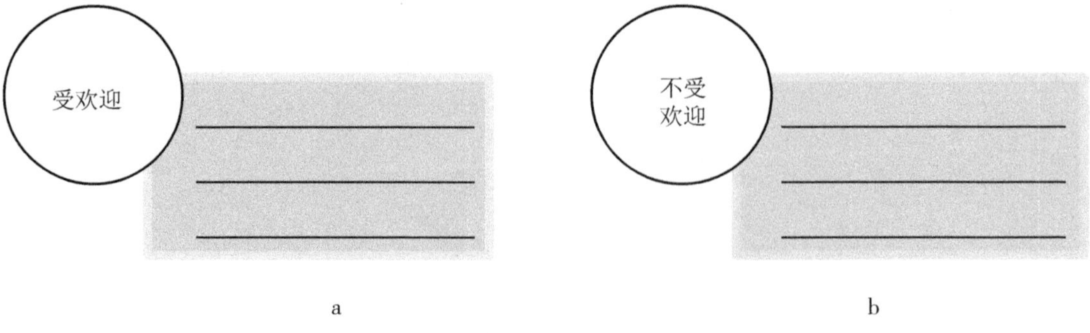

a　　　　b

图 1–6　受欢迎和不受欢迎的特质

学习过程：

一、珍惜青春友谊

阅读教材，总结提炼异性交往需保持的适度原则。

距离：________________　语言：________________

目光：________________　服饰：________________

二、了解青春期性意识发展

阅读教材并小组讨论，总结青春期性意识发展的时期及表现。

①____

②____

③____

三、掌握青春期个体性心理特点

请阅读材料，回答后面的两个问题。

进入青春期后，由于性生理上逐步开始发育，导致个体性心理发生明显变化，而且表现出明显的性别差异。

1. 对性的神秘感和好奇心

进入青春期后，由于性器官和性机能的发育逐渐成熟，直接诱发了自我性意识，对“性”很敏感，感到“性”神秘莫测，对性充满好奇心，于是对性知识产生浓厚兴趣，会通过隐蔽的、半公开的讨论或各种渠道迫切希望知道和了解性知识。女性在对性知识的追求方面较男性开放些，她们在谈论性问题时，往往较为深入、透彻。

2. 对异性的爱慕与追求

青春期男女之间彼此爱慕与追求是其性生理发展的正常现象。由于第二性征的出现，对性的感知得到了进一步的发展，对异性产生了浓厚的兴趣。从心理上，渴望了解异性，希望引起异性注意，向往与异性交朋友；在行为上，喜欢打听男女之间的事，背后议论异性。

女性刚进入青春期时，由于出现生理上的变化，常会产生一种惶恐不安的情绪，并在别人面前表现得羞涩、腼腆。随着性生理发育和性意识进一步发展，她们逐渐摆脱了闭锁心理，开始感到被异性吸引，产生接近异性的感情需要。同时，开始注意修饰自己，用“美”来塑造自己。在异性面前表现出文静、端庄、大方。

男性在青春期初始，追求异性的行为并不十分明显，甚至表现出疏远和厌恶，而很重视同性伙伴的友谊。进入接近异性期后，他们对女性普遍好奇，希望了解她们，特别是漂亮的女性。男性在异性面前的情感是外露的和热烈的，他们千方百计想在异性面前显露自己，希望自己成为异性心目中的英雄和偶像。

3. 具有性欲、性冲动和性行为

青少年进入青春期后，随着性意识的增强，逐渐萌发了性欲望和性冲动。产生对异性的需求和行为，可能萌发出爱情，甚至出现性要求。

女性与异性的交往中，开始时情感体验并不和性欲望直接联系在一起。她们的性意识是含蓄的、渐进的，欲望并不迫切。她们所理解的爱情就是被所爱的人无微不至地关心、体贴和呵护，犹如自己被浸泡在蜜糖中的感觉。恋爱期间的女性感情体验较为深刻，她们更看重两性的心灵接触和情感交流，对肉体上的关系一般较为慎重。但一旦钟情于某个男性，她们将投入全部的感情，在对方提出性要求时，常出于对男友的感情，不能将自己的意志坚持到底，而配合对方。

男性在两性关系上表现得比较主动、外露。一旦有了接近异性的欲望，并对具体特定目标产生了兴趣，就会主动创造机会接近对方。男女由彼此接近到发展为爱情，一般也是由男性首先明确提出的。而且一旦确定了恋爱关系，性欲望和性冲动就容易进入亢进期，表现出强烈的肉体需求，甚至希望发生性关系。

①青春期的性心理有哪些特点？

____

____

②男女两性的性心理有哪些差异？

____

____

四、认识青春期恋情

①如果用一种物品代表爱情，你把爱情比作什么？为什么？

____

____

②认真观看图 1-7，理解爱情的科学内涵。

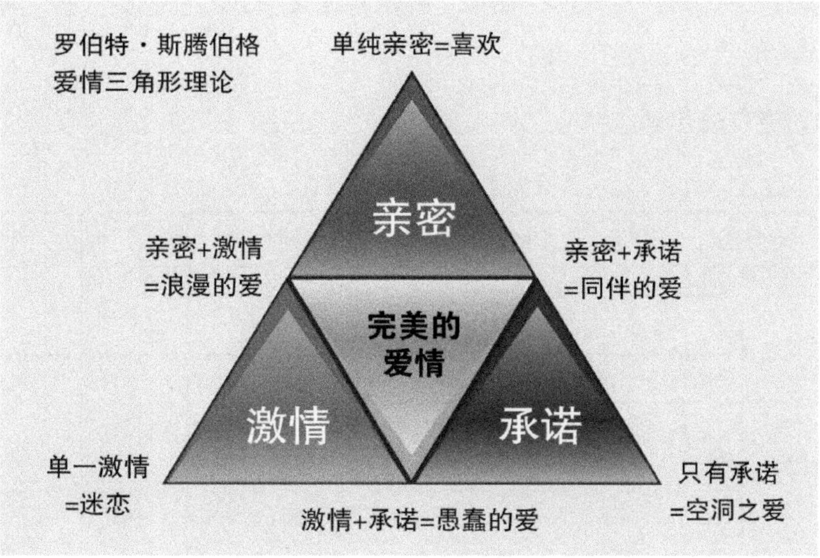

a

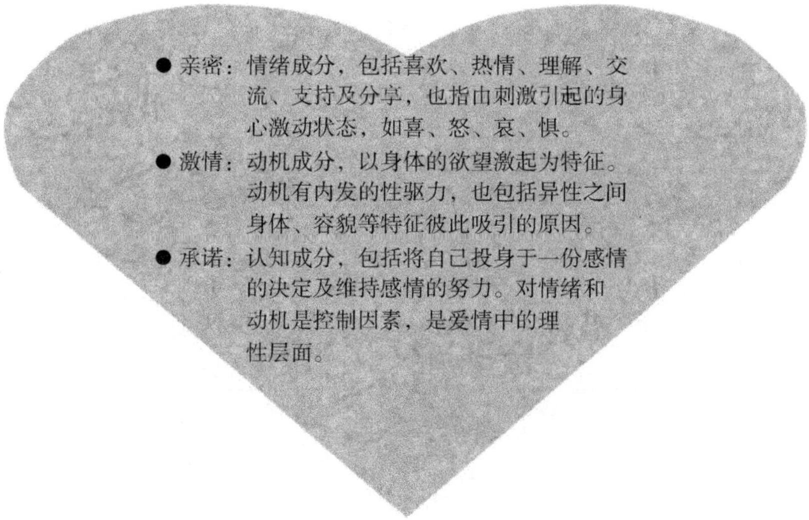

b

图 1-7　爱情的科学内涵

五、做一个异性交往中受欢迎的人

①独立思考，自己身上存在哪些好的特质在异性交往中受欢迎？

____

____

②小组讨论并总结，在异性交往中，哪些特质是受欢迎的，哪些特质是不受欢迎的，完成后填写前文的学习任务单。

六、学习评价表（表 1–14）

表 1–14　学习评价表

评分项目			配分	评分细则	自我评价	他人评价	教师评价
素养（30分）	纪律情况（15 分）	不迟到早退，不随意外出	5	违反一次扣 2 分			
		不玩手机，不睡觉	5	违反一次扣 3 分			
		学习用品准备齐全	5	缺少书、笔、本等每项扣 2 分			
		执行教师命令	0	此为否定项，违规酌情扣 10 ～ 100 分，违反校规按校规处理			
	5s（5 分）	桌面整洁干净	2	合格得 2 分，不合格不得分			
		仪容仪表规范	3	合格得 3 分，不合格扣 1 ～ 3 分			
	核心素养（10 分）	学习主动性	3	根据参与活动和发言情况得 1 ～ 3 分			
		解决问题	3	能抓住问题关键点、分析原因并寻求解决方案，视情况得 1 ～ 3 分			
		团队合作	4	根据合作意愿和履行职责情况得 1 ～ 4 分			
专业能力（40分）	总结异性交往受欢迎 / 不受欢迎特质（40 分）	能正确认识异性友谊和情感	10	能理解知识点并记笔记，视情况得 1 ～ 10 分			
		积极参与思考和小组讨论	10	按照教师要求参与讨论，视情况得 1 ～ 10 分			
		能够掌握异性交往和性心理调适的方法	10	按照教师要求参与讨论，并理解记录笔记，视情况得 1 ～ 10 分			
		完成学习任务	10	积极参与互动并完成任务单，视情况得 1 ～ 10 分			

续表

评分项目			配分	评分细则	自我评价	他人评价	教师评价
任务书完成情况（30分）	按时保质保量完成任务书（30 分）	按时完成	5	按时提交得 5 分，迟交不得分			
		内容完成程度	10	视情况得 1 ~ 10 分			
		格式规范与内容准确性	10	视情况得 1 ~ 10 分			
		书面整洁度	5	视情况得 1 ~ 5 分			
总分							
综合得分（自我评价 20%，他人评价 30%，教师评价 50%）							
教师评价签字：				他人评价签字：			
请你根据以上打分情况，对本次课的学习状态进行总体评述（从素养的自我提升方面、专业能力的提升方面进行评述，分析自己的不足之处，并提出改进措施）：							
教师指导意见：							

任务一课后大作业：自我分析报告

要求：

①客观分析自己，内容翔实具体。

②以面试某个岗位为目标进行自我介绍（200 字左右）。

③优势、不足分析要有实例，人生规划可分 3、5、10 年或更远的规划。

1. 自我介绍

2. 我的优势

3. 我的不足

4. 我的人生目标及规划

人生目标：

人生规划：

学习评价如表 1–15 所示。

表 1–15　任务一学习评价表

<table>
<tr><th colspan="3">评分项目</th><th>配分</th><th>评分细则</th><th>自我评价</th><th>他人评价</th><th>教师评价</th></tr>
<tr><td rowspan="14">素养（30分）</td><td rowspan="4">纪律情况（10 分）</td><td>不迟到早退，不随意外出</td><td>3</td><td>违反一次扣 2 分</td><td></td><td></td><td></td></tr>
<tr><td>不玩手机，不睡觉</td><td>4</td><td>违反一次扣 2 分</td><td></td><td></td><td></td></tr>
<tr><td>学习用品准备齐全</td><td>3</td><td>缺少书、笔、本等每项扣 1 分</td><td></td><td></td><td></td></tr>
<tr><td>执行教师命令</td><td>0</td><td>此为否定项，违规酌情扣 10 ～ 100 分，违反校规按校规处理</td><td></td><td></td><td></td></tr>
<tr><td rowspan="2">5s（5 分）</td><td>桌面整洁干净</td><td>2</td><td>合格得 2 分，不合格不得分</td><td></td><td></td><td></td></tr>
<tr><td>仪容仪表规范</td><td>3</td><td>合格得 3 分，不合格扣 1 ～ 3 分</td><td></td><td></td><td></td></tr>
<tr><td rowspan="8">核心素养（15 分）</td><td>学习主动性</td><td>3</td><td>根据参与活动情况得 1 ～ 3 分</td><td></td><td></td><td></td></tr>
<tr><td>沟通能力</td><td>2</td><td>根据参与沟通、讨论的积极性得 1 ～ 2 分</td><td></td><td></td><td></td></tr>
<tr><td>制订计划</td><td>2</td><td>根据制订行动计划情况得 1 ～ 2 分</td><td></td><td></td><td></td></tr>
<tr><td>解决问题</td><td>2</td><td>能抓住问题关键点、分析原因并寻求解决方案，视情况得 1 ～ 2 分</td><td></td><td></td><td></td></tr>
<tr><td>团队合作</td><td>2</td><td>根据合作意愿和履行职责情况得 1 ～ 2 分</td><td></td><td></td><td></td></tr>
<tr><td>工匠精神</td><td>2</td><td>能认真独立完成学习任务，有新观点、新想法，视情况得 1 ～ 2 分</td><td></td><td></td><td></td></tr>
<tr><td>自我反思</td><td>2</td><td>根据课堂反思表现得 1 ～ 2 分</td><td></td><td></td><td></td></tr>
</table>

续表

评分项目			配分	评分细则	自我评价	他人评价	教师评价
专业能力（50分）	制定课堂纪律管理方案（10分）	积极参与课堂活动	3	按照教师要求参与活动，视情况得1～3分			
		了解心理健康课程教学形式	2	能理解知识点并记笔记，视情况得1～2分			
		了解自己心理健康状况	2	能认真完成心理健康测试，积极分享自己的观点，视情况得1～2分			
		完成学习任务	3	积极参与互动并完成任务单，视情况得1～3分			
	完成心理健康自我评估表（10分）	积极参与活动体验	3	按照教师要求参与活动，视情况得1～3分			
		理解并记录心理健康含义及具体方面	2	能理解知识点并记笔记，视情况得1～2分			
		讨论、理解维护心理健康的途径	3	能积极参与讨论，理解、掌握、记录知识点内容，视情况得1～3分			
		完成学习任务	2	积极参与互动并完成任务单，视情况得1～2分			
	完成我的自画像（10分）	积极参与拓展活动体验	3	按照教师要求参与活动，视情况得1～3分			
		理解并记录乔哈里视窗	2	能理解知识点并记笔记，视情况得1～2分			
		讨论、理解认识自我的方法	3	能积极参与讨论，理解、掌握、记录知识点内容，视情况得1～3分			
		完成学习任务	2	积极参与互动并完成任务单，视情况得1～2分			
专业能力（50分）	撰写生命价值感悟（10分）	能理解生命和死亡的含义	2	能理解知识点并记笔记，视情况得1～2分			
		积极参与思考和小组讨论	3	按照教师要求参与讨论，视情况得1～3分			

续表

<table>
<tr><td colspan="3">评分项目</td><td>配分</td><td>评分细则</td><td>自我评价</td><td>他人评价</td><td>教师评价</td></tr>
<tr><td rowspan="6">专业能力（50分）</td><td rowspan="2">撰写生命价值感悟（10分）</td><td>讨论成果展示</td><td>3</td><td>根据任务要求，完成任务并分享成果得 1 ～ 3 分</td><td></td><td></td><td></td></tr>
<tr><td>完成学习任务</td><td>2</td><td>积极参与互动并完成任务单，视情况得 1 ～ 2 分</td><td></td><td></td><td></td></tr>
<tr><td rowspan="4">总结异性交往受欢迎 / 不受欢迎特质（10分）</td><td>能正确认识异性友谊和情感</td><td>2</td><td>能理解知识点并记笔记，视情况得 1 ～ 2 分</td><td></td><td></td><td></td></tr>
<tr><td>积极参与思考和小组讨论</td><td>3</td><td>按照教师要求参与讨论，视情况得 1 ～ 3 分</td><td></td><td></td><td></td></tr>
<tr><td>能够掌握异性交往和性心理调适的方法</td><td>3</td><td>按照教师要求参与讨论，并理解记录笔记，视情况得 1 ～ 3 分</td><td></td><td></td><td></td></tr>
<tr><td>完成学习任务</td><td>2</td><td>积极参与互动并完成任务单，视情况得 1 ～ 2 分</td><td></td><td></td><td></td></tr>
<tr><td rowspan="4">任务书完成情况（20分）</td><td rowspan="4">按时保质保量完成任务书（20分）</td><td>按时完成</td><td>5</td><td>按时提交得 5 分，迟交不得分</td><td></td><td></td><td></td></tr>
<tr><td>内容完成程度</td><td>5</td><td>视情况得 1 ～ 5 分</td><td></td><td></td><td></td></tr>
<tr><td>格式规范与内容准确性</td><td>5</td><td>视情况得 1 ～ 5 分</td><td></td><td></td><td></td></tr>
<tr><td>书面整洁度</td><td>5</td><td>视情况得 1 ～ 5 分</td><td></td><td></td><td></td></tr>
<tr><td colspan="5">总分</td><td></td><td></td><td></td></tr>
<tr><td colspan="5">综合得分（自我评价 20%，他人评价 30%，教师评价 50%）</td><td colspan="3"></td></tr>
<tr><td colspan="4">教师评价签字：</td><td colspan="4">他人评价签字：</td></tr>
<tr><td colspan="8">请你根据以上打分情况，对本次课的学习状态进行总体评述（从素养的自我提升方面、专业能力的提升方面进行评述，分析自己的不足之处，并提出改进措施）：</td></tr>
<tr><td colspan="8">教师指导意见：</td></tr>
</table>

学习任务二　情绪调控能力训练

学习任务情境描述

社会心理学家费斯汀格有一个很出名的判断，被人们称为“费斯汀格法则”：生活中 10% 的事情是由发生在你身上的事情组成，而另外的 90% 则是由你对所发生的事情如何反应所决定的。换言之，生活中有 10% 的事情是我们无法掌控的，而另外的 90% 却是我们能掌控的。

费斯汀格在书中举了这样一个例子：卡斯丁早上起床后洗漱时，随手将自己的高档手表放在洗漱台边，妻子怕手表被水淋湿，就随手拿过去放在餐桌上。儿子起床后到餐桌上拿面包时，不小心将手表碰到地上摔坏了。卡斯丁疼爱手表，就将儿子打了一顿，然后黑着脸骂了妻子一通。妻子不服气，说是怕水把手表打湿，卡斯丁说他的手表是防水的，于是二人猛烈地斗起嘴来。一气之下，卡斯丁早餐也没有吃，直接开车去了公司。快到公司时突然记起忘了拿公文包，又立刻转回家。可是家中没人，妻子上班去了，儿子上学去了，卡斯丁钥匙在公文包里，他进不了门，只好打电话向妻子要钥匙。妻子慌慌张张地往家赶时，撞翻了路边的水果摊，摊主拉住她不让她走，要她赔偿，她不得不赔了一笔钱才摆脱。待拿到公文包后，卡斯丁已迟到了 15 分钟，挨了上司一顿严厉批评，卡斯丁的心情坏到了极点。下班前又因一件小事，跟同事吵了一架。妻子也因早退被扣除当月全勤奖，儿子这天参加棒球赛，原本有望夺冠，却因心情不好发挥不佳，第一局就被淘汰了。

在这个案例里，手表摔坏是其中的 10%，后面一系列事情就是另外的 90%。都是由于当事人没有很好地掌控那 90%，才导致了这一天成为“闹心的一天”。试想，卡斯丁在那10%产生后，假如换一种反应。例如，他抚慰儿子："不要紧儿子，手表摔坏了没事，我拿去修修就好了。"这样，儿子高兴，妻子也高兴，他本身心情也好，那么随后的一切就不会发生了。可见，你控制不了前面的10%，但完全可以通过你的心态与行为决定剩余的90%。

本次学习任务就是通过6个教学活动，即"构筑积极心态树""完成挫折应对思维导图""绘制自信者海报""制订宽容者行动计划""填写自我情绪监测单""制作情绪管理五栏表"，使学生意识到积极心态、自信对我们的重要性，养成积极的思维模式，认识嫉妒心理的危害，正确看待挫折并掌握应对挫折的方法，能了解情绪和识别、表达情绪，学会用恰当的方法管理自己的情绪。最终，完成"自我应对分析"任务。

学习任务要求

①研读任务书，依据任务描述及情境把握任务书的关键点；

②自觉遵守课堂纪律和规范，积极配合教师开展教学；

③积极参与素质拓展训练活动，有时间观念，传递积极、正向的价值观；

④按要求完成指定任务，能独立学习或在团队中合作完成任务；

⑤善于动手、动脑，积极与他人沟通、合作、分享；

⑥能够根据评价标准，客观地开展自我评价和相互评价；

⑦根据任务二学习评价表的评价结果，能进行总结反思，并愿意调整自己的思维和行动。

学习目标

通过本次任务的学习，你应该能够：

①识读任务书，把握任务书的要点；

②独立高效地思考，良好地融入团队，在团队中贡献自己的力量；

③有较强的执行力，独立或与他人合作完成学习任务；

④意识到积极心态的重要性，养成积极、正向的思维模式；

⑤认识到自信的重要作用，掌握建立自信的方法；

⑥正视困难和挫折，遇到挫折时摆正心态，知道如何应对；

⑦了解嫉妒的危害，意识到过度嫉妒他人是一种不健康的心理，掌握克服嫉妒的方法；

⑧认识和了解情绪，学会用恰当的方法调节自己的情绪。

进度计划（表 2-1）

表 2-1　“情绪调控能力训练”进度计划

序号	具体内容	时间安排（课时）
1	构筑积极心态树	2
2	完成挫折应对思维导图	2
3	绘制自信者海报	2
4	制订宽容者行动计划	2
5	填写自我情绪监测单	2
6	制作情绪管理五栏表	2

学习活动 1　构筑积极心态树

建议学时：2 课时。

学习地点：教室。

学习准备：多媒体设备、任务书、手机、相关学材。

学习要求：能够体会积极心态的重要性，掌握培养积极心态的方法，并完成绘制积极心态树。具体要求如表 2–2 所示。

表 2–2　教学流程

序号	活动步骤	要求	时间分配（分钟）	备注
1	明确任务	能够激发学习热情和学习兴趣，理解学习任务和学习目标	5	
2	获取资讯 生生互动	能够了解积极心态的含义，理解不同心态对人的不同影响	20	
3	任务实施 师生互动	能够体会积极心态的重要性，通过讨论了解积极心态的具体表现和培养积极心态的方法	50	
4	评价总结	积极参与学习成果展示，客观进行自评和互评	15	

学习任务：积极心态的人有哪些表现？请与小组成员共同绘制积极心态树吧。

积极心态树
第______组　　小组成员：______________________________ 组长：________拍照记录员：__________
请在 A3 纸上完成海报

学习过程：

一、了解积极心态的含义及表现

1. 查阅教材，理解并记录积极心态的概念

____

____

2. 请仔细看图 2–1，回答以下 3 个问题

①杯子里有什么？

②是还有半杯？还是只剩半杯？

③不同的理解反映了什么？

图 2–1　杯子

3. 请欣赏视频《感动中国人物——张桂梅》，思考视频中的主人公有哪些积极的品质

____

____

4. 了解积极心态的多种表现

活动：寻找积极心态者的闪光点。

①独立思考：在我们身边，那些积极向上的人在学习、生活或工作中都有哪些闪光点？请你至少列出 5 个性格特点或具体表现。

____

____

②头脑风暴：分小组进行，先归纳出现频率最高的词汇，再思考、讨论更多的积极心态者的特点或表现，记录在积极心态树中。

③反思：我有以上哪些闪光点？如果拥有更多的闪光点，我的人生将会发生怎样的积极变化？

我的闪光点：______________________________

____

积极变化：______________________________

____

二、理解不同心态对人的不同影响

①阅读案例“蜘蛛爬墙”，谈谈你的启示。

案例：雨后，一只蜘蛛艰难地向墙上的蜘蛛网爬去，由于墙壁太滑，蜘蛛爬到一定高度就掉了下来。可是，掉下来的蜘蛛又接着往上爬，屡败屡战……第一个人看见了，长叹一声，自言自语：“我一生不正如这只蜘蛛吗？忙忙碌碌而无所得。”于是他日渐消沉萎靡。第二个人看见了，立刻被蜘蛛屡败屡战、坚持不懈的精神感动。于是，创业失败、欲寻短见的他变得坚强起来，很快东山再起。

启示：______________________________

____

②问题探究：公司的同事能力等各方面都不如你，但是被领导调到了条件更好、更重要的部门，你却被领导调到了非常艰苦的偏远地区工作。对领导的这种做法，你怎么看待？为什么？

____

____

③观看视频《赶考》，体悟不同心态对人的影响。

____

____

三、体会积极心态的重要性

1. 活动：有趣的计算

如果把英文字母 A ～ Z 用阿拉伯数字 1 ～ 26 来表示， 即 A—1，B—2，…，Z—26，计算以下单词的分数（100 为满分）：

knowledge（知识）=____________。

hardwork（努力工作）=____________。

love（爱情）=____________。

luck（好运）=____________。

family（家庭）=____________。

money（金钱）=____________。

leadership（领导能力）=____________。

attitude（态度）=____________。

通过计算，你发现了什么？

____

____

2. 分析案例“农民和驴”，回答后面的问题

①驴碰上了什么样的问题？出现了什么样的反应？

____

____

②你认为驴最后的命运将是什么样的？

____

____

③驴命运的转折点是什么？

____

____

四、学习养成积极心态的方法

①阅读信息页案例“老妇人的烦恼”，反思其中的道理。

培养积极心态方法一：______________________________

____

②分析“哈非顿的实验”，思考其中反映的现象。

培养积极心态方法二：______________________________

____

③个人分享：你平时最喜欢参加的运动是什么？运动能为你带来什么好处？

培养积极心态方法三：______________________________

____

五、学习评价表（表 2–3）

表 2–3　学习评价表

评分项目			配分	评分细则	自我评价	他人评价	教师评价
素养（30分）	纪律情况（15 分）	不迟到早退，不随意外出	5	违反一次扣 2 分			
		不玩手机，不睡觉	5	违反一次扣 3 分			
		学习用品准备齐全	5	缺少书、笔、本等每项扣 2 分			
		执行教师命令	0	此为否定项，违规酌情扣 10 ～ 100 分，违反校规按校规处理			

续表

评分项目			配分	评分细则	自我评价	他人评价	教师评价
素养（30分）	5s（5分）	桌面整洁干净	2	合格得2分，不合格不得分			
		仪容仪表规范	3	合格得3分，不合格扣1～3分			
	核心素养（10分）	学习主动性	3	根据参与活动和发言情况得1～3分			
		自我管理	3	能主动培养自己积极乐观的心态，视情况得1～3分			
		团队合作	4	根据合作意愿和履行职责情况得1～4分			
专业能力（40分）	构筑积极心态树（40分）	能了解积极心态的含义	10	能理解知识点并记笔记，视情况得1～10分			
		积极参与思考和小组讨论	10	按照教师要求参与讨论，视情况得1～10分			
		能够掌握养成积极心态的方法	10	理解记录笔记，视情况得1～10分			
		完成学习任务	10	积极参与互动并完成任务单，视情况得1～10分			
任务书完成情况（30分）	按时保质保量完成任务书（30分）	按时完成	5	按时提交得5分，迟交不得分			
		内容完成程度	10	视情况得1～10分			
		格式规范与内容准确性	10	视情况得1～10分			
		书面整洁度	5	视情况得1～5分			
总分							
综合得分（自我评价20%，他人评价30%，教师评价50%）							
教师评价签字：				他人评价签字：			

续表

请你根据以上打分情况，对本次课的学习状态进行总体评述（从素养的自我提升方面、专业能力的提升方面进行评述，分析自己的不足之处，并提出改进措施）：
教师指导意见：

学习活动 2　完成挫折应对思维导图

建议学时：2 课时。

学习地点：教室。

学习准备：多媒体设备、任务书、手机、相关学材。

学习要求：通过该任务，学生能够辩证地看待挫折，总结应对挫折的方法，具体要求如表 2-4 所示。

表 2-4　教学流程

序号	活动步骤	要求	时间分配（分钟）	备注
1	明确任务	能够激发学习热情和学习兴趣，理解学习任务和学习目标	5	
2	获取资讯 生生互动	理解挫折的含义，分析个体遭遇挫折的典型反应，辩证地看待挫折	30	
3	任务实施 师生互动	讨论、总结并记录应对挫折的方法，完成思维导图	35	
4	评价总结	积极参与学习成果展示，客观进行自评和互评	20	

学习任务：你学到了关于挫折的哪些知识和技能？对这一课程进行梳理总结，小组合作完成思维导图吧。

挫折应对思维导图

第________组

组长：________　　拍照记录员：________________________

请将成果绘制于A3纸上

学习过程：

一、认识挫折

1. 查阅教材，理解并记录挫折的含义

____

____

2. 阅读下面案例：从面对挫折的角度考虑，把开水比做挫折，比较两样东西遇到挫折前后的变化，分析个体遭遇挫折时的典型反应

____

____

案例：放两碗水在火上烧，第一个碗里放胡萝卜，第二个碗里放入已经被磨成粉的咖啡豆，用烧开的水煮 15 分钟。胡萝卜本来是硬的，但煮了之后变软了。咖啡的粉末不见了，但是水变了颜色而且有香醇的味道。

3. 认识挫折的利与弊

①观看崔万志演讲视频，结合自己的思考和经历，提炼挫折的好处有哪些（两点），挫折的坏处有哪些（两点）?

____

____

②小组讨论，每位同学结合自己的观点，与小组成员充分讨论，总结出挫折的利与弊。

____

____

____

二、应对挫折

1. 请同学们回顾印象最深刻的一次挫折或最近遇到的一次挫折

当时你的情绪状态如何？后来采取了什么样的应对措施？通过这次经历，你认为应对挫折最重要的是什么？

时间：______________________________________

地点：______________________________________

事件：______________________________________

当时你的感受：______________________________

____

应对方法：______________________________

____

应对挫折最重要的是：______________________________

____

2. 素质拓展活动：破解乱网

（1）活动目的

体验困难的克服、困境的破解；通过活动体验，反思如何应对挫折。

（2）活动操作

①每 8 ～ 16 人为一个小组；

②同组成员站成一个向心圈，相邻之间牵手（图 2-2），并记住拉的是谁的手；

③彼此松开手，打乱每个人的顺序和位置，所有人再按最初的顺序拉起手；

④尽快还原成最初的向心圈，条件是手不能松开；

⑤请预估能不能完成任务，如果能完成，需要多长时间？（预估时间：______）

⑥各组按规则操作，若犯规则重新开始。

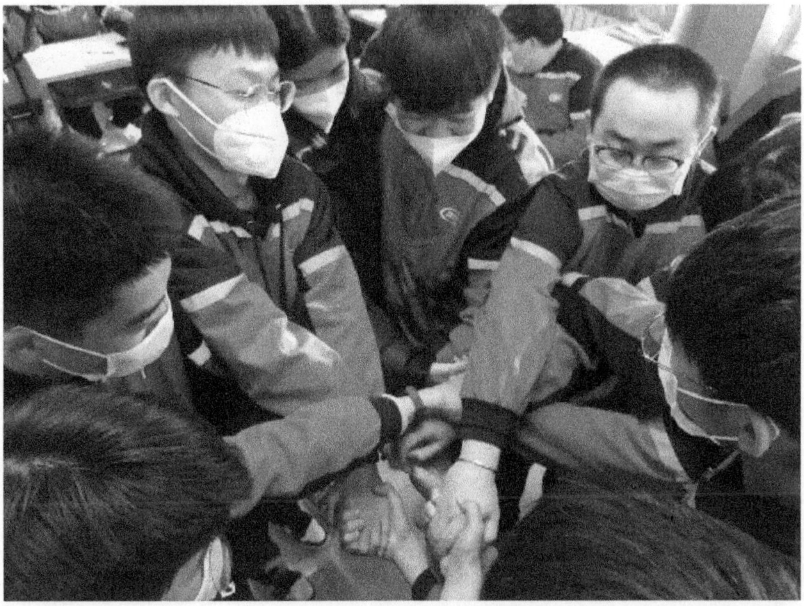

图 2-2　“破解乱网”

（3）交流分享

①当大家的手织成一张乱网时，你有信心解开吗？你当时认为多长时间才可能解开？实际情况呢？

②在实际行动中当解开一点以后，你的想法发生了哪些变化？

③通过这个活动，你觉得遇到挫折时，应该如何应对？

④谈谈活动过程中的感受。

（4）总结应对挫折的方法

三、学习评价表（表 2–5）

表 2–5　学习评价表

<table>
<tr><th colspan="3">评分项目</th><th>配分</th><th>评分细则</th><th>自我评价</th><th>他人评价</th><th>教师评价</th></tr>
<tr><td rowspan="6">素养（30分）</td><td rowspan="4">纪律情况（15分）</td><td>不迟到早退，不随意外出</td><td>5</td><td>违反一次扣 2 分</td><td></td><td></td><td></td></tr>
<tr><td>不玩手机，不睡觉</td><td>5</td><td>违反一次扣 3 分</td><td></td><td></td><td></td></tr>
<tr><td>学习用品准备齐全</td><td>5</td><td>缺少书、笔、本等每项扣 2 分</td><td></td><td></td><td></td></tr>
<tr><td>执行教师命令</td><td>0</td><td>此为否定项，违规酌情扣 10 ～ 100 分，违反校规按校规处理</td><td></td><td></td><td></td></tr>
<tr><td rowspan="2">5s（5 分）</td><td>桌面整洁干净</td><td>2</td><td>合格得 2 分，不合格不得分</td><td></td><td></td><td></td></tr>
<tr><td>仪容仪表规范</td><td>3</td><td>合格得 3 分，不合格扣 1 ～ 3 分</td><td></td><td></td><td></td></tr>
</table>

续表

<table>
<tr><td colspan="3">评分项目</td><td>配分</td><td>评分细则</td><td>自我评价</td><td>他人评价</td><td>教师评价</td></tr>
<tr><td rowspan="3">素养（30分）</td><td rowspan="3">核心素养（10分）</td><td>学习主动性</td><td>3</td><td>根据参与活动情况得1～3分</td><td></td><td></td><td></td></tr>
<tr><td>沟通能力</td><td>3</td><td>根据参与沟通、讨论的积极性得1～3分</td><td></td><td></td><td></td></tr>
<tr><td>团队合作</td><td>4</td><td>根据合作意愿和履行职责情况得1～4分</td><td></td><td></td><td></td></tr>
<tr><td rowspan="4">专业能力（40分）</td><td rowspan="4">完成挫折应对思维导图（40分）</td><td>积极参与拓展活动体验</td><td>10</td><td>按照教师要求参与活动，视情况得1～10分</td><td></td><td></td><td></td></tr>
<tr><td>理解并记录挫折的利弊</td><td>10</td><td>能理解知识点并记笔记，视情况得1～10分</td><td></td><td></td><td></td></tr>
<tr><td>讨论、理解应对挫折的方法</td><td>10</td><td>能积极参与讨论，理解、掌握、记录知识点内容，视情况得1～10分</td><td></td><td></td><td></td></tr>
<tr><td>完成学习任务</td><td>10</td><td>积极参与互动并完成任务单，视情况得1～10分</td><td></td><td></td><td></td></tr>
<tr><td rowspan="4">任务书完成情况（30分）</td><td rowspan="4">按时保质保量完成任务书（30分）</td><td>按时完成</td><td>5</td><td>按时提交得5分，迟交不得分</td><td></td><td></td><td></td></tr>
<tr><td>内容完成程度</td><td>10</td><td>视情况得1～10分</td><td></td><td></td><td></td></tr>
<tr><td>格式规范与内容准确性</td><td>10</td><td>视情况得1～10分</td><td></td><td></td><td></td></tr>
<tr><td>书面整洁度</td><td>5</td><td>视情况得1～5分</td><td></td><td></td><td></td></tr>
<tr><td colspan="5">总分</td><td></td><td></td><td></td></tr>
<tr><td colspan="5">综合得分（自我评价20%，他人评价30%，教师评价50%）</td><td colspan="3"></td></tr>
<tr><td colspan="4">教师评价签字：</td><td colspan="4">他人评价签字：</td></tr>
<tr><td colspan="8">请你根据以上打分情况，对本次课的学习状态进行总体评述（从素养的自我提升方面、专业能力的提升方面进行评述，分析自己的不足之处，并提出改进措施）：</td></tr>
<tr><td colspan="8">教师指导意见：</td></tr>
</table>

学习活动 3　绘制自信者海报

建议学时：2 课时。

学习地点：教室。

学习准备：多媒体设备、任务书、手机、相关学材。

学习要求：通过活动能够对情绪有更深入的理解，了解情绪如何产生，总结情绪的应对方法并能够应用在生活中。具体要求如表 2–6 所示。

表 2–6　教学流程

序号	活动步骤	要求	时间分配（分钟）	备注
1	明确任务	能够激发学习热情和学习兴趣，理解学习任务和学习目标	5	
2	获取资讯 生生互动	了解自信的含义，通过活动能够讨论和总结出自信者的表现、建立自信的方法	25	
3	任务实施 师生互动	小组分工协作，积极参与自信者海报的制作	40	
4	评价总结	积极参与学习成果展示，客观进行自评和互评	20	

学习任务：你心目中的自信者是怎么样的呢？他在面部表情、性格特点、言行举止和为人处世方面都有哪些表现呢？画一张海报进行说明吧。

自信者海报

第 ________ 组

组长：________　　拍照记录员：________________________

面部表情负责者：______________　　性格特点负责者：______________

言行举止负责者：______________　　为人处世负责者：______________

请绘制于A3纸上

学习过程：

一、了解自信的含义及其表现

1. 查阅资料并小组讨论，理解自信的含义及类型

自信的 3 种类型为：________________

2. 总结自信者的表现

活动：以“自信的表现”为主题，小组合作制作海报。

①独立思考：自信者的面部表情、性格特点、言行举止、为人处世是怎样的表现。

②小组讨论：小组成员充分讨论，总结自信者以上四方面的表现。

③海报制作：各小组讨论结果以海报形式呈现，图文结合。

④成果展示与评价：分小组展示海报，每组选取一位同学展示和讲解本组最终成果，其他组的同学根据评分标准客观评价。

二、掌握建立自信心的方法

1. 体验活动：见证奇迹

活动操作：根据教师的口头引导，做出相应的动作。

建立自信方法一：________________

____

你设计的口头语：________________

____

2. 活动：左手与右手

操作：把左右手的轮廓分别画在纸上，在常用手的掌心中写“扬长”，在另一个手掌心中写“补短”，然后在每个手指部位分别写上最重要的优势或弱项，并在旁边标出计划如何扬长与补短。

建立自信方法二：________________

____

左手

右手

3. 个人分享：找出自己人生中 2 ～ 3 次成功的体验或经历，在全班分享

成功的体验或经历：____

____

建立自信方法三：____

____

4. 演讲活动：请以“自信”为主题进行演讲

演讲要求：

①言语规范，吐字清晰，声音洪亮；

②条理清晰，表达流畅，语速适中；

③内容紧扣主题，观点正确，言之有物；

④精神饱满，举止大方、得体。

建立自信方法四：____

____

三、学习评价表（表 2–7）

表 2–7　学习评价表

<table>
<tr><th colspan="3">评分项目</th><th>配分</th><th>评分细则</th><th>自我评价</th><th>他人评价</th><th>教师评价</th></tr>
<tr><td rowspan="6">素养（30分）</td><td rowspan="4">纪律情况（15 分）</td><td>不迟到早退，不随意外出</td><td>5</td><td>违反一次扣 2 分</td><td></td><td></td><td></td></tr>
<tr><td>不玩手机，不睡觉</td><td>5</td><td>违反一次扣 3 分</td><td></td><td></td><td></td></tr>
<tr><td>学习用品准备齐全</td><td>5</td><td>缺少书、笔、本等每项扣 2 分</td><td></td><td></td><td></td></tr>
<tr><td>执行教师命令</td><td>0</td><td>此为否定项，违规酌情扣 10 ～ 100 分，违反校规按校规处理</td><td></td><td></td><td></td></tr>
<tr><td rowspan="2">5s（5 分）</td><td>桌面整洁干净</td><td>2</td><td>合格得 2 分，不合格不得分</td><td></td><td></td><td></td></tr>
<tr><td>仪容仪表规范</td><td>3</td><td>合格得 3 分，不合格扣 1 ～ 3 分</td><td></td><td></td><td></td></tr>
</table>

续表

<table>
<tr><th colspan="3">评分项目</th><th>配分</th><th>评分细则</th><th>自我评价</th><th>他人评价</th><th>教师评价</th></tr>
<tr><td rowspan="3">素养（30分）</td><td rowspan="3">核心素养（10分）</td><td>学习主动性</td><td>3</td><td>根据参与活动情况得1～3分</td><td></td><td></td><td></td></tr>
<tr><td>沟通能力</td><td>3</td><td>根据参与沟通、讨论的积极性得1～3分</td><td></td><td></td><td></td></tr>
<tr><td>团队合作</td><td>4</td><td>根据合作意愿和履行职责情况得1～4分</td><td></td><td></td><td></td></tr>
<tr><td rowspan="4">专业能力（40分）</td><td rowspan="4">绘制自信者海报（40分）</td><td>积极参与拓展活动体验</td><td>10</td><td>按照教师要求参与活动，视情况得1～10分</td><td></td><td></td><td></td></tr>
<tr><td>讨论、总结自信者的表现</td><td>10</td><td>能积极参与小组讨论，总结知识点内容，视情况得1～10分</td><td></td><td></td><td></td></tr>
<tr><td>掌握建立自信心的方法</td><td>10</td><td>能积极参与讨论，理解、掌握、记录知识点内容，视情况得1～10分</td><td></td><td></td><td></td></tr>
<tr><td>完成学习任务</td><td>10</td><td>积极参与互动并完成任务单，视情况得1～10分</td><td></td><td></td><td></td></tr>
<tr><td rowspan="4">任务书完成情况（30分）</td><td rowspan="4">按时保质保量完成任务书（30分）</td><td>按时完成</td><td>5</td><td>按时提交得5分，迟交不得分</td><td></td><td></td><td></td></tr>
<tr><td>内容完成程度</td><td>10</td><td>视情况得1～10分</td><td></td><td></td><td></td></tr>
<tr><td>格式规范与内容准确性</td><td>10</td><td>视情况得1～10分</td><td></td><td></td><td></td></tr>
<tr><td>书面整洁度</td><td>5</td><td>视情况得1～5分</td><td></td><td></td><td></td></tr>
<tr><td colspan="5">总分</td><td></td><td></td><td></td></tr>
<tr><td colspan="5">综合得分（自我评价20%，他人评价30%，教师评价50%）</td><td colspan="3"></td></tr>
<tr><td colspan="4">教师评价签字：</td><td colspan="4">他人评价签字：</td></tr>
<tr><td colspan="8">请你根据以上打分情况，对本次课的学习状态进行总体评述（从素养的自我提升方面、专业能力的提升方面进行评述，分析自己的不足之处，并提出改进措施）：</td></tr>
<tr><td colspan="8">教师指导意见：</td></tr>
</table>

学习活动 4　制订宽容者行动计划

建议学时：2 课时。

学习地点：教室。

学习准备：多媒体设备、任务书、手机、相关学材。

学习要求：通过该活动，认识到嫉妒的危害和宽容在人际交往中的重要意义，学习宽容处理别人对自己的不当行为，培养宽容有度的交往能力。具体要求如表 2–8 所示。

表 2–8　教学流程

序号	活动步骤	要求	时间分配（分钟）	备注
1	明确任务	能够激发学习热情和学习兴趣，理解学习任务和学习目标	5	
2	获取资讯 生生互动	能理解嫉妒的含义、表现及原因，理解宽容的含义、表现	30	
3	任务实施 师生互动	掌握克服嫉妒、学会宽容的方法，制订宽容者行动计划	40	
4	评价总结	积极参与学习成果展示，客观进行自评和互评	15	

学习任务：结合嫉妒和宽容的内涵学习，讨论班里或学校发生的哪些事情可以宽容？哪些事情不能宽容？理解宽容的重要意义，制订宽容者行动计划（表 2–9）。

表 2–9　制订宽容者行动计划

嫉妒的危害：	克服嫉妒心理的方法：	宽容者的表现：
①＿＿＿＿＿＿	①＿＿＿＿＿＿	①＿＿＿＿＿＿
②＿＿＿＿＿＿	②＿＿＿＿＿＿	②＿＿＿＿＿＿
③＿＿＿＿＿＿	③＿＿＿＿＿＿	③＿＿＿＿＿＿
④＿＿＿＿＿＿	④＿＿＿＿＿＿	④＿＿＿＿＿＿
⑤＿＿＿＿＿＿	⑤＿＿＿＿＿＿	⑤＿＿＿＿＿＿
⑥＿＿＿＿＿＿	⑥＿＿＿＿＿＿	⑥＿＿＿＿＿＿

续表

宽容者行动计划
第一步：________________ ________________
第二步：________________ ________________
第三步：________________ ________________

学习过程：

一、认识嫉妒心理

1. 查阅教材，理解并写下嫉妒的概念

____

____

2. 了解嫉妒产生的原因

①词汇辨析：嫉妒与羡慕的异同？

相同之处：________________

不同之处：________________

②我们为什么会嫉妒别人？嫉妒的对象是所有人或所有事，还是特定的人或事情？

____

____

3. 认识嫉妒的表现

①查阅课本，思考人嫉妒时的心理和行为表现。

②观察生活中的嫉妒现象，当一个人嫉妒别人时都有哪些表现或举动，请你列举出来？

____

____

____

③将嫉妒的表现归纳为3种类型并记录，理解不同类型嫉妒的危害程度。

____

____

④练习：在后面括号内分别标出嫉妒表现的类型。

- 别人穿衣服比自己漂亮便感觉不舒服。（　　）
- 交朋友或出去玩时容不得别人比自己更吸引目光。（　　）
- 容不得别人受老师宠爱或表扬。（　　）
- 学习上容不得别人比自己强。（　　）
- 总喜欢去找某人的缺点甚至让他难堪。（　　）
- 因为同学考第一，烧坏其书籍，损坏其学习用具。（　　）
- 在社会现实生活中，一旦看到别人比自己幸运，心里就“别有一番滋味。”（　　）
- 有时对某人言过其实地夸赞，甚至冷嘲热讽。（　　）
- 失恋后，看到恋人有了新的情侣后，用刀捅伤二人。（　　）

4. 了解嫉妒心理和行为对个体的危害

①请认真观看视频《偷拿牛奶，偷走一只鞋》，思考视频中反映的嫉妒的危害是什么？

____

____

②请你分析以下案例，归纳、总结嫉妒的危害。

案例一：2021年10月16日，某地一名女子不满公公偏爱3岁的侄子，将侄子勒死并投入井中，仅仅因为公公总是给侄子买好吃的东西。

案例二：某大学有个姓唐的女大学生，从小受到妈妈的宠爱，养成了任性、好嫉妒的坏毛病。进入大学后，处处想拔尖、出人头地，因为没被选上班干部，心里很不自在。

一次，班上有两位女同学考试分数比她高，她更是妒意大发，竟把人家的课本、作业本及其他学习用品全偷了，使人家学习不成。她的这种行为理所当然受到了班上同学的批评，但她不仅不改，竟趁别人上课溜回宿舍，把同学价值500多元的衣服、被褥统统烧光，最终成为纵火犯。

案例三：清朝雍正年间的白泰官，是当时的八大武术家之一。一次，他回乡时，适遇一位少年练武，身手非凡。白泰官看出神了，猛然想到这小子长大后，武艺定能超越自己。一时妒火中烧，竟在寻衅比武中置少年于死地。少年断气前仰起头来，两眼盯着白泰官，咬牙切齿地说了一句："我父亲白泰官回来一定会给我报仇！"话像一个霹雳把白泰官惊呆了，原来死者竟是自己的亲骨肉。

案例四：两只老鹰，一只飞得特快，一只较慢。后者非常嫉妒前者。有一次，飞得较慢的那只老鹰对猎人说："前面那只飞快的老鹰，请你用箭射死它。"猎人同意了，但提出要拔一根它的羽毛去射。"好！"老鹰欣然答应。可是第一次并未射中，于是拔了第二根毛，然而，还是没射中。就这样，一根根拔下去，一支支射出去，直到老鹰自己都飞不起来了，猎人大笑着把它提去美餐了一顿。

案例五：现代医学观察到，嫉妒会影响人的消化系统、神经系统、免疫系统甚至生殖系统，引起许多症状，如头晕头痛、失眠多梦、烦躁易怒、性格多疑、情绪低落、行动不自制、食欲减退、胃脘不好、恶心呕吐、腰背酸痛等。

德国学者研究发现，妒火中烧之时，能使大脑皮层下丘脑垂体促发肾上腺皮质酮激素分泌增加，使血清化学物质减少，引起人体免疫机能紊乱、大脑功能失调、抗御疾病能力减弱，使自动免疫类疾病及高血压、冠心病、周期性偏头痛、神经衰弱等疾病增加。

分析以上案例，嫉妒的危害有：____

____

____

二、远离嫉妒心理

寻找克服嫉妒心理之法。

①请回忆一下，你是否曾因目睹别人的荣誉而冷嘲热讽，是否曾因怕同学超过你而不愿帮助他人，是否曾因别人某方面比你更优秀而表现出敌对或攻击行为？写出你的一次嫉妒别人的经历，以及你克服嫉妒心理的方法。

____

____

②组间交流：分小组交流，各组长收集本组成员的任务书，交换至其他组；各组讨论后，对其他组成员的嫉妒经历分别提出如何克服嫉妒心理的建议，写在A4纸上。

③各组汇总：各组成员学习A4纸上的建议，并根据内容讨论后归纳总结出克服嫉妒心理的方法，写在A4纸上。

④分组汇报：各组推荐一位同学汇报结果。

⑤查阅教材，总结科学克服嫉妒心理的方法。

____

____

____

三、学会宽容

①阅读教材，结合案例总结宽容的具体表现。

____

____

____

②小组讨论：我们身边发生的哪些事情可以宽容？哪些事情无法宽容？

可以宽容的事情：______________________________

____

无法宽容的事情：______________________________

____

宽容别人的做法：______________________________

____

③结合嫉妒和宽容的学习内容，制订宽容者行动计划。

四、学习评价表（表 2–10）

表 2–10　学习评价表

评分项目			配分	评分细则	自我评价	他人评价	教师评价
素养（30 分）	纪律情况（15 分）	不迟到早退，不随意外出	5	违反一次扣 2 分			
		不玩手机，不睡觉	5	违反一次扣 3 分			
		学习用品准备齐全	5	缺少书、笔、本等每项扣 2 分			
		执行教师命令	0	此为否定项，违规酌情扣 10 ～ 100 分，违反校规按校规处理			

续表

评分项目			配分	评分细则	自我评价	他人评价	教师评价
素养（30分）	5s（5分）	桌面整洁干净	2	合格得2分，不合格不得分			
		仪容仪表规范	3	合格得3分，不合格扣1～3分			
	核心素养（10分）	主动性与责任心	3	根据参与活动情况和责任承担情况得1～3分			
		计划与组织	3	根据人员、工具、时间等资源的分配合理性得1～3分			
		团队合作	4	根据合作意愿和履行职责情况得1～4分			
专业能力（40分）	制订宽容者行动计划（40分）	积极参与思考和小组讨论	10	按照教师要求参与讨论，视情况得1～10分			
		理解记录宽容的含义及表现	10	能理解知识点并记笔记，视情况得1～10分			
		制订宽容者行动计划	10	能积极参与制订计划，视情况1～10分			
		分享展示成果	10	积极参与互动并完成任务，视情况得1～10分			
任务书完成情况（30分）	按时保质保量完成任务书（30分）	按时完成	5	按时提交得5分，迟交不得分			
		内容完成程度	10	视情况得1～10分			
		格式规范与内容准确性	10	视情况得1～10分			
		书面整洁度	5	视情况得1～5分			
总分							
综合得分（自我评价20%，他人评价30%，教师评价50%）							
教师评价签字：				他人评价签字：			

续表

请你根据以上打分情况，对本次课的学习状态进行总体评述（从素养的自我提升方面、专业能力的提升方面进行评述，分析自己的不足之处，并提出改进措施）：
教师指导意见：

学习活动 5　填写自我情绪监测单

建议学时：2 课时。

学习地点：教室。

学习准备：多媒体设备、任务书、手机、相关学材。

学习要求：通过活动能够更好地识别和表达情绪，理解情绪的特点与功能。具体要求如表 2–11 所示。

表 2–11　教学流程

序号	活动步骤	要求	时间分配（分钟）	备注
1	明确任务	能够激发学习热情和学习兴趣，理解学习任务和学习目标	5	
2	获取资讯 生生互动	了解情绪的含义，识别情绪并记录情绪的类型	35	
3	任务实施 师生互动	通过活动理解情绪的特点与功能，完成个人情绪觉察感悟	35	
4	评价总结	积极参与学习成果展示，客观进行自评和互评	15	

学习任务：情绪无处不在，你是否注意过自己每天的情绪变化？请完成自我情绪监测单（表 2–12），了解自己的情绪和进行情绪分类，并开展自我总结。

表 2–12　自我情绪监测单

		周____	周____	周____	周____	周____	周____	周____
情绪	1.							
	2.							
	3.							
	4.							
我有哪些积极情绪：				我有哪些消极情绪：				
我的情绪觉察感悟：								

学习过程：

一、了解情绪的含义

观看视频《小猫头鹰的情绪故事》，思考情绪的含义及情绪的三要素。

情绪含义：____

____

情绪三要素：____

____

二、情绪的识别与表达

1. 观看图片，识别情绪

2. 情绪的表达

活动：情绪表演。

请你写出一个情绪词语，并通过面部表情、肢体语言表演出该情绪。（情绪词语不能重复，不能直接说出词语）

你的情绪词语：____

____

三、掌握情绪的分类

1. 倾听教师讲解，理解、记录情绪的类型

头脑风暴：说说表示 4 类基本情绪的词语。

喜：____

怒：____

哀：____

惧：____

（1）按情绪性质划分

____

（2）按情绪作用划分

____

（3）按情绪状态划分

____

2. 练习：见图 2–3，把下面的情绪对号入座（将序号填入 4 个象限）

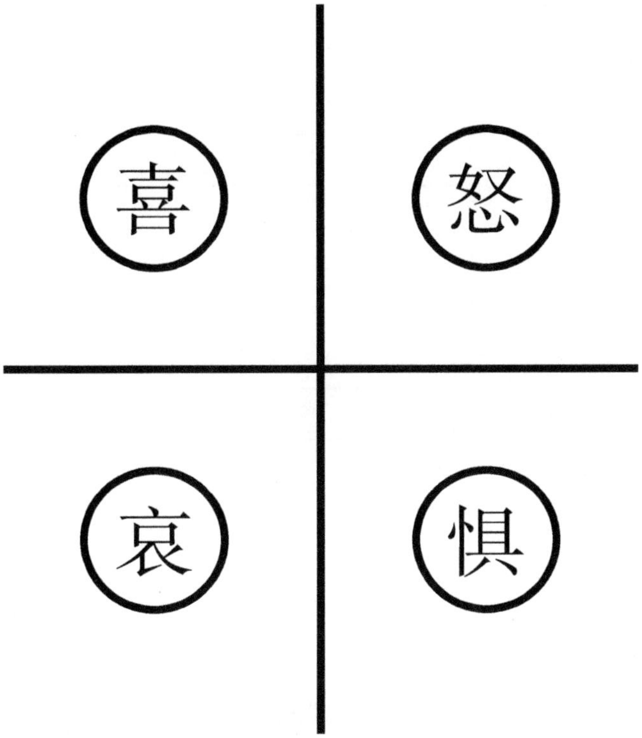

1.开心
2.悲哀
3.盛怒
4.害怕
5.不寒而栗
6.高兴
7.心悸
8.气愤
9.忧郁
10.紧张
11.火冒三丈
12.忿忿不平
13.提心吊胆
14.扬眉吐气
15.伤心
16.快乐
17.欣喜
18.悲伤
19.担心
20.哀伤

图 2–3　情绪对号入座

①积极情绪有哪些？请写出序号。

②哪些情绪属于激情？请写出序号。

四、认识情绪的特点

1. 活动体验：情绪传递

操作规则：

①几位同学在讲台上站成一列纵队，第一个同学背对其他同学。

②教师向第一个同学展示要表达的词语，第一个同学准备好之后拍第二个同学的肩膀示意他（她）转过来，并向他（她）表达自己看到的词语。以这样的方式传递下去，由最后一个同学猜第一个同学看到的词语。

③游戏过程中不能出声，不能有口型，不能写字，只能用面部表情和肢体语言表达！

2. 活动反思

①通过这个活动，你对情绪有怎样的认识？

②你认为情绪有哪些特点？

五、了解情绪的功能

1. 思考

生活中人人都有情绪，情绪的存在让我们更好地生活和与人相处，请思考情绪对我们有什么作用或情绪有什么功能？

2. 通过以下材料，讨论并总结情绪的功能

①人际交往中 55% 的信息是靠非言语表情传递的，38% 的信息是靠言语表情传递的，只有 7% 的信息是靠言语传递的。

②当人处在积极、乐观的情绪状态时，容易注意事物的美好方面，其行为比较开放，愿意接纳外界的事物；当人处于消极情绪状态时，容易失望、悲观，放弃自己的愿望，甚至产生攻击性行为。

③快乐、热爱、自信等积极情绪会提高人们的活动能力；恐惧、痛苦、自卑等消极情绪则会降低人们活动的积极性。

④积极的情绪有助于身心健康，消极的情绪会引起各种疾病。

3. 完成自我情绪监测单任务

六、学习评价表（表 2–13）

表 2–13　学习评价表

<table>
<tr><th colspan="3">评分项目</th><th>配分</th><th>评分细则</th><th>自我评价</th><th>他人评价</th><th>教师评价</th></tr>
<tr><td rowspan="9">素养（30分）</td><td rowspan="4">纪律情况（15分）</td><td>不迟到早退，不随意外出</td><td>5</td><td>违反一次扣2分</td><td></td><td></td><td></td></tr>
<tr><td>不玩手机，不睡觉</td><td>5</td><td>违反一次扣3分</td><td></td><td></td><td></td></tr>
<tr><td>学习用品准备齐全</td><td>5</td><td>缺少书、笔、本等每项扣2分</td><td></td><td></td><td></td></tr>
<tr><td>执行教师命令</td><td>0</td><td>此为否定项，违规酌情扣10～100分，违反校规按校规处理</td><td></td><td></td><td></td></tr>
<tr><td rowspan="2">5s（5分）</td><td>桌面整洁干净</td><td>2</td><td>合格得2分，不合格不得分</td><td></td><td></td><td></td></tr>
<tr><td>仪容仪表规范</td><td>3</td><td>合格得3分，不合格扣1～3分</td><td></td><td></td><td></td></tr>
<tr><td rowspan="3">核心素养（10分）</td><td>学习主动性</td><td>3</td><td>根据参与活动情况得1～3分</td><td></td><td></td><td></td></tr>
<tr><td>沟通能力</td><td>3</td><td>根据参与沟通、讨论的积极性得1～3分</td><td></td><td></td><td></td></tr>
<tr><td>自我反思</td><td>4</td><td>根据课堂反思情况得1～4分</td><td></td><td></td><td></td></tr>
<tr><td rowspan="4">专业能力（40分）</td><td rowspan="4">填写自我情绪监测单（40分）</td><td>积极参与拓展活动体验</td><td>10</td><td>按照教师要求参与活动，视情况得1～10分</td><td></td><td></td><td></td></tr>
<tr><td>识别情绪并表达</td><td>10</td><td>能理解知识点并记笔记，视情况得1～10分</td><td></td><td></td><td></td></tr>
<tr><td>讨论、理解情绪的特点和功能</td><td>10</td><td>能积极参与讨论，理解、掌握、记录知识点内容，视情况得1～10分</td><td></td><td></td><td></td></tr>
<tr><td>完成学习任务</td><td>10</td><td>积极参与互动并完成任务单，视情况得1～10分</td><td></td><td></td><td></td></tr>
</table>

续表

<table>
<tr><td colspan="3">评分项目</td><td>配分</td><td>评分细则</td><td>自我评价</td><td>他人评价</td><td>教师评价</td></tr>
<tr><td rowspan="4">任务书完成情况（30分）</td><td rowspan="4">按时保质保量完成任务书（30分）</td><td>按时完成</td><td>5</td><td>按时提交得5分，迟交不得分</td><td></td><td></td><td></td></tr>
<tr><td>内容完成程度</td><td>10</td><td>视情况得1～10分</td><td></td><td></td><td></td></tr>
<tr><td>格式规范与内容准确性</td><td>10</td><td>视情况得1～10分</td><td></td><td></td><td></td></tr>
<tr><td>书面整洁度</td><td>5</td><td>视情况得1～5分</td><td></td><td></td><td></td></tr>
<tr><td colspan="5">总分</td><td></td><td></td><td></td></tr>
<tr><td colspan="5">综合得分（自我评价20%，他人评价30%，教师评价50%）</td><td colspan="3"></td></tr>
<tr><td colspan="4">教师评价签字：</td><td colspan="4">他人评价签字：</td></tr>
<tr><td colspan="8">请你根据以上打分情况，对本次课的学习状态进行总体评述（从素养的自我提升方面、专业能力的提升方面进行评述，分析自己的不足之处，并提出改进措施）：</td></tr>
<tr><td colspan="8">教师指导意见：</td></tr>
</table>

学习活动 6　制作情绪管理五栏表

建议学时：2 课时。

学习地点：教室。

学习准备：多媒体设备、任务书、手机、相关学材。

学习要求：通过活动能够对情绪有更深入的理解，了解情绪如何产生，总结情绪的应对方法并能够应用在生活中。具体要求如表 2–14 所示。

表 2–14　教学流程

序号	活动步骤	要求	时间分配（分钟）	备注
1	明确任务	能够激发学习热情和学习兴趣，理解学习任务和学习目标	5	
2	获取资讯 生生互动	了解情绪的产生，理解情绪 ABC 理论并应用	35	
3	任务实施 师生互动	总结情绪的应对方法，完成情绪管理五栏表	35	
4	评价总结	积极参与学习成果展示，客观进行自评和互评	15	

学习任务：你最近遇到了哪些情绪困扰？当时发生了什么？你有哪些情绪反应？想知道情绪产生的原因和如何管理好自己的情绪吗？请在学习过程中完成情绪管理五栏表（表 2–15）。

表 2–15　情绪管理五栏表

日期	情境	自动思维	情绪	替代性反应	结果

学习过程：

一、了解情绪的产生

1. 学习情绪 ABC 理论，理解不同情绪的产生原因

①观看《心理健康——情绪的 ABC 理论》，理解、记录情绪 ABC 理论。

ABC 理论含义：____

____

____

A 是指：____

B 是指：____

C 是指：____

②请你写出曾令你生气、伤心、受挫、自卑或其他烦恼的事情（A），当时的想法（B），情绪和所导致的行为结果（C）（表 2-16）。

表 2-16　情绪管理

A、事件	B、想法	C、情绪
	1.	1.
	2.	2.
	3.	3.

2. 情绪 ABC 理论的应用

事件：你的好友说周末要请你吃饭，但整个周末他都没有和你联系。请运用情绪 ABC 理论，列举出你可能的多种想法、情绪和行为。

想法 1：__________　情绪 1：__________　行为 1：__________

想法 2：__________　情绪 2：__________　行为 2：__________

想法 3：__________　情绪 3：__________　行为 3：__________

想法 4：__________　情绪 4：__________　行为 4：__________

二、认识情绪对人的影响

1. 思考日常生活中，情绪对你的生活、学习或工作产生过哪些影响

①当情绪好的时候：

我____

____

②当情绪不好的时候：

我____

____

2. 识别常见情绪困扰

请仔细阅读下面的文字，每一条文字后有四级评分，请根据最近一个月的实际情况，在分数栏适当的分数下打“√”（表 2–17）。

表 2–17　焦虑自评量表（SAS）

实际情况	无	有时	经常	持续
1. 我觉得比平时容易紧张和着急	1	2	3	4
2. 我无缘无故地感到害怕	1	2	3	4
3. 我容易心里烦乱或觉得惊恐	1	2	3	4
4. 我觉得我可能要发疯	1	2	3	4
*5. 我觉得一切都很好，也不会发生什么不幸	4	3	2	1
6. 我手脚发抖打颤	1	2	3	4
7. 我因为头痛、颈痛和背痛而苦恼	1	2	3	4
8. 我感觉容易衰弱和疲乏	1	2	3	4
*9. 我觉得心平气和，并且容易安静坐着	4	3	2	1
10. 我觉得心跳得快	1	2	3	4
11. 我因为一阵阵头晕而苦恼	1	2	3	4
12. 我要晕倒发作或感觉要晕倒似的	1	2	3	4
*13. 我呼气吸气都感到很容易	4	3	2	1
14. 我手脚麻木和刺痛	1	2	3	4
15. 我因胃痛和消化不良而苦恼	1	2	3	4

续表

实际情况	无	有时	经常	持续
16. 我常常要小便	1	2	3	4
*17. 我的手常常是干燥温暖的	4	3	2	1
18. 我脸红发热	1	2	3	4
*19. 我容易入睡且一夜睡得很深	4	3	2	1
20. 我做噩梦	1	2	3	4

注：前注 * 者为反序计分。

将各题得分相加，得出粗分值，再乘以 1.25，换算出标准分。50 分以上者有焦虑症可能，分数越高则越严重。

请仔细阅读下面的文字，每一条文字后有四级评分，请根据最近一个月的实际情况，在分数栏适当的分数下打“√”（表 2-18）。

表 2-18 抑郁自评量表（SDS）

实际情况	无	有时	经常	持续
1. 我感到情绪沮丧、郁闷	1	2	3	4
*2. 我感到早晨心情最好	4	3	2	1
3. 我要哭或想哭	1	2	3	4
4. 我夜间睡眠不好	1	2	3	4
*5. 我吃饭像平时一样多	4	3	2	1
*6. 我的性功能正常	4	3	2	1
7. 我感到体重减轻	1	2	3	4
8. 我为便秘烦恼	1	2	3	4
9. 我的心跳比平时快	1	2	3	4
10. 我无故感到疲劳	1	2	3	4
*11. 我的头脑像往常一样清楚	4	3	2	1
*12. 我做事情像平时一样不感到困难	4	3	2	1
13. 我坐卧不安，难以保持平静	1	2	3	4
*14. 我对未来抱有希望	4	3	2	1

续表

实际情况	无	有时	经常	持续
15. 我比平时更容易激怒	1	2	3	4
*16. 我觉得决定什么事很容易	4	3	2	1
*17. 我感到自己是有用的和不可缺少的人	4	3	2	1
*18. 我的生活很有意义	4	3	2	1
19. 假若我死了别人会过得更好	1	2	3	4
*20. 我仍旧喜爱自己平时喜爱的东西	4	3	2	1

注：前注 * 者为反序计分

将各题得分相加，得出粗分值，再乘以 1.25，换算出标准分。50 分以上者有抑郁可能，分数越高则越严重。

三、掌握调节情绪的方法

1. 思考：当你处于以下情境，你会怎样调节自己的情绪

①和朋友闹矛盾，他误会了我，我非常痛苦时；

②考试成绩不理想，感到伤心时；

③某些方面感到自己不如别人，嫉妒他人时；

④父母、老师批评自己，心情烦闷时；

⑤别人有好朋友，自己没有，感到郁闷时；

⑥别人在背后说自己坏话，心生怨恨时。

2. 观看微课，学习并记录调节情绪的方法

____

____

____

____

3. 练习：判断下面所用的各是什么调节情绪的方法

①当我不开心时，会找朋友去打球或看电影。（　　）

②当我心情郁闷的时候，会选择去郊游。（　　）

③当我被朋友误解时，会找人诉说。（　　）

④当我受到委屈时，会痛快地哭一场。（　　）

⑤当与同学发生矛盾时，我会从对方角度去考虑问题。（ ）

⑥老师批评我做作业不认真，我会认为老师关心我、愿意指导我。（ ）

四、学习评价表（表 2–19）

表 2–19 学习评价表

<table>
<tr><th colspan="3">评分项目</th><th>配分</th><th>评分细则</th><th>自我评价</th><th>他人评价</th><th>教师评价</th></tr>
<tr><td rowspan="9">素养（30分）</td><td rowspan="4">纪律情况（15 分）</td><td>不迟到早退，不随意外出</td><td>5</td><td>违反一次扣 2 分</td><td></td><td></td><td></td></tr>
<tr><td>不玩手机，不睡觉</td><td>5</td><td>违反一次扣 3 分</td><td></td><td></td><td></td></tr>
<tr><td>学习用品准备齐全</td><td>5</td><td>缺少书、笔、本等每项扣 2 分</td><td></td><td></td><td></td></tr>
<tr><td>执行教师命令</td><td>0</td><td>此为否定项，违规酌情扣 10 ～ 100 分，违反校规按校规处理</td><td></td><td></td><td></td></tr>
<tr><td rowspan="2">5s（5 分）</td><td>桌面整洁干净</td><td>2</td><td>合格得 2 分，不合格不得分</td><td></td><td></td><td></td></tr>
<tr><td>仪容仪表规范</td><td>3</td><td>合格得 3 分，不合格扣 1 ～ 3 分</td><td></td><td></td><td></td></tr>
<tr><td rowspan="3">核心素养（10 分）</td><td>学习主动性</td><td>3</td><td>根据参与活动情况得 1 ～ 3 分</td><td></td><td></td><td></td></tr>
<tr><td>沟通能力</td><td>3</td><td>根据参与沟通、讨论的积极性得 1 ～ 3 分</td><td></td><td></td><td></td></tr>
<tr><td>团队合作</td><td>4</td><td>根据合作意愿和履行职责情况得 1 ～ 4 分</td><td></td><td></td><td></td></tr>
<tr><td rowspan="4">专业能力（40 分）</td><td rowspan="4">制作情绪管理五栏表（40 分）</td><td>积极参与拓展活动体验</td><td>10</td><td>按照教师要求参与活动，视情况得 1 ～ 10 分</td><td></td><td></td><td></td></tr>
<tr><td>理解并记录情绪 ABC 理论</td><td>10</td><td>能理解知识点并记笔记，视情况得 1 ～ 10 分</td><td></td><td></td><td></td></tr>
<tr><td>讨论、理解管理情绪的方法</td><td>10</td><td>能积极参与讨论，理解、掌握、记录知识点内容，视情况得 1 ～ 10 分</td><td></td><td></td><td></td></tr>
<tr><td>完成学习任务</td><td>10</td><td>积极参与互动并完成任务单，视情况得 1 ～ 10 分</td><td></td><td></td><td></td></tr>
</table>

续表

<table>
<tr><td colspan="3">评分项目</td><td>配分</td><td>评分细则</td><td>自我评价</td><td>他人评价</td><td>教师评价</td></tr>
<tr><td rowspan="4">任务书完成情况（30分）</td><td rowspan="4">按时保质保量完成任务书（30分）</td><td>按时完成</td><td>5</td><td>按时提交得5分，迟交不得分</td><td></td><td></td><td></td></tr>
<tr><td>内容完成程度</td><td>10</td><td>视情况得1～10分</td><td></td><td></td><td></td></tr>
<tr><td>格式规范与内容准确性</td><td>10</td><td>视情况得1～10分</td><td></td><td></td><td></td></tr>
<tr><td>书面整洁度</td><td>5</td><td>视情况得1～5分</td><td></td><td></td><td></td></tr>
<tr><td colspan="5">总分</td><td></td><td></td><td></td></tr>
<tr><td colspan="5">综合得分（自我评价20%，他人评价30%，教师评价50%）</td><td colspan="3"></td></tr>
<tr><td colspan="4">教师评价签字：</td><td colspan="4">他人评价签字：</td></tr>
<tr><td colspan="8">请你根据以上打分情况，对本次课的学习状态进行总体评述（从素养的自我提升方面、专业能力的提升方面进行评述，分析自己的不足之处，并提出改进措施）：</td></tr>
<tr><td colspan="8">教师指导意见：</td></tr>
</table>

任务二课后大作业：自我应对分析

要求：

①我的应对。从学习、工作、生活方面，分别列出在未来 5 年中可能遭遇的各种困难和挫折，然后想想自己会如何应对，并写到下面横线上。

②在成长过程中，每个人都曾跨越一个又一个障碍，取得了一个又一个成功。当你从生命的深处发掘出潜能，凭借积极的心态、坚定的信念、良好的情绪调控，坚持走出生命的泥潭，去体会人间的温暖、成功的喜悦及奋斗的酣畅淋漓时，你不想为自己喝彩吗？你不想为自己颁发一张奖状吗？请给自己写一则简短的颁奖词，并画出为自己颁发的奖状。

颁奖词：

奖状：

学习评价如表 2-20 所示。

表 2-20　任务二学习评价表

评分项目			配分	评分细则	自我评价	他人评价	教师评价
素养（30分）	纪律情况（10分）	不迟到早退，不随意外出	3	违反一次扣 2 分			
		不玩手机，不睡觉	4	违反一次扣 2 分			
		学习用品准备齐全	3	缺少书、笔、本等每项扣 1 分			
		执行教师命令	0	此为否定项，违规酌情扣 10 ～ 100 分，违反校规按校规处理			
	5s（5 分）	桌面整洁干净	2	合格得 2 分，不合格不得分			
		仪容仪表规范	3	合格得 3 分，不合格扣 1 ～ 3 分			
	核心素养（15分）	学习主动性	3	根据参与活动情况得 1 ～ 3 分			
		沟通能力	2	根据参与沟通、讨论的积极性得 1 ～ 2 分			
		计划与组织	2	根据人员、工具、时间等资源的分配合理性得 1 ～ 2 分			
		自我反思	2	根据课堂反思情况得 1 ～ 2 分			
		团队合作	2	根据合作意愿和履行职责情况得 1 ～ 2 分			
		主动性与责任心	2	根据参与活动情况和责任承担情况得 1 ～ 2 分			
		自我管理	2	能主动培养自己积极乐观的心态，视情况得 1 ～ 2 分			
专业能力（60分）	构筑积极心态树（10分）	能了解积极心态的含义	2	能理解知识点并记笔记，视情况得 1 ～ 2 分			
		积极参与思考和小组讨论	3	按照教师要求参与讨论，视情况得 1 ～ 3 分			
		能够掌握养成积极心态的方法	3	理解记录笔记，视情况得 1 ～ 3 分			
		完成学习任务	2	积极参与互动并完成任务单，视情况得 1 ～ 2 分			

续表

<table>
<tr><th colspan="3">评分项目</th><th>配分</th><th>评分细则</th><th>自我评价</th><th>他人评价</th><th>教师评价</th></tr>
<tr><td rowspan="16">专业能力（60分）</td><td rowspan="4">完成挫折应对思维导图（10分）</td><td>积极参与拓展活动体验</td><td>3</td><td>按照教师要求参与活动，视情况得 1 ～ 3 分</td><td></td><td></td><td></td></tr>
<tr><td>理解并记录挫折的利弊</td><td>2</td><td>能理解知识点并记笔记，视情况得 1 ～ 2 分</td><td></td><td></td><td></td></tr>
<tr><td>讨论、理解应对挫折的方法</td><td>3</td><td>能积极参与讨论，理解、掌握、记录知识点内容，视情况得 1 ～ 3 分</td><td></td><td></td><td></td></tr>
<tr><td>完成学习任务</td><td>2</td><td>积极参与互动并完成任务单，视情况得 1 ～ 2 分</td><td></td><td></td><td></td></tr>
<tr><td rowspan="4">绘制自信者海报（10分）</td><td>积极参与拓展活动体验</td><td>3</td><td>按照教师要求参与活动，视情况得 1 ～ 3 分</td><td></td><td></td><td></td></tr>
<tr><td>讨论、总结自信者的表现</td><td>2</td><td>能积极参与小组讨论，总结知识点内容，视情况得 1 ～ 2 分</td><td></td><td></td><td></td></tr>
<tr><td>掌握建立自信心的方法</td><td>3</td><td>能积极参与讨论，理解、掌握、记录知识点内容，视情况得 1 ～ 3 分</td><td></td><td></td><td></td></tr>
<tr><td>完成学习任务</td><td>2</td><td>积极参与互动并完成任务单，视情况得 1 ～ 2 分</td><td></td><td></td><td></td></tr>
<tr><td rowspan="4">制订宽容者行动计划（10分）</td><td>积极参与思考和小组讨论</td><td>3</td><td>按照教师要求参与讨论，视情况得 1 ～ 3 分</td><td></td><td></td><td></td></tr>
<tr><td>理解嫉妒的内涵</td><td>3</td><td>能理解知识点并记笔记，视情况得 1 ～ 3 分</td><td></td><td></td><td></td></tr>
<tr><td>理解宽容的含义</td><td>2</td><td>能理解知识点并记笔记，视情况得 1 ～ 2 分</td><td></td><td></td><td></td></tr>
<tr><td>完成学习任务</td><td>2</td><td>积极参与互动并完成任务单，视情况得 1 ～ 2 分</td><td></td><td></td><td></td></tr>
<tr><td rowspan="4">填写自我情绪监测单（10分）</td><td>积极参与拓展活动体验</td><td>3</td><td>按照教师要求参与活动，视情况得 1 ～ 3 分</td><td></td><td></td><td></td></tr>
<tr><td>识别情绪并表达</td><td>2</td><td>能理解知识点并记笔记，视情况得 1 ～ 2 分</td><td></td><td></td><td></td></tr>
<tr><td>讨论、理解情绪的特点和功能</td><td>3</td><td>能积极参与讨论，理解、掌握、记录知识点内容，视情况得 1 ～ 3 分</td><td></td><td></td><td></td></tr>
<tr><td>完成学习任务</td><td>2</td><td>积极参与互动并完成任务单，视情况得 1 ～ 2 分</td><td></td><td></td><td></td></tr>
</table>

续表

评分项目			配分	评分细则	自我评价	他人评价	教师评价
专业能力（60分）	制作情绪管理五栏表（10分）	积极参与拓展活动体验	3	按照教师要求参与活动，视情况得1～3分			
		理解并记录情绪ABC理论	2	能理解知识点并记笔记，视情况得1～2分			
		讨论、理解管理情绪的方法	3	能积极参与讨论，理解、掌握、记录知识点内容，视情况得1～3分			
		完成学习任务	2	积极参与互动并完成任务单，视情况得1～2分			
任务书完成情况（10分）	按时保质保量完成任务书（10分）	按时完成	2	按时提交得2分，迟交不得分			
		内容完成程度	3	视情况得1～3分			
		格式规范与内容准确性	3	视情况得1～3分			
		书面整洁度	2	视情况得1～2分			
总分							
综合得分（自我评价20%，他人评价30%，教师评价50%）							
教师评价签字：				他人评价签字：			
请你根据以上打分情况，对本次课的学习状态进行总体评述（从素养的自我提升方面、专业能力的提升方面进行评述，分析自己的不足之处，并提出改进措施）：							
教师指导意见：							

学习任务三　环境适应能力训练

学习任务情境描述

在我国东北大兴安岭的森林里生活着一种会变色的兔子。如果你是第一次看到它，并不会觉得它和其他的兔子有什么不同。可是一到冬夏两个不同的季节，它们的身体颜色就会跟着四周的环境而改变。譬如，到了夏天，大兴安岭到处都是黑色的泥土、褐色的山石、绿色的树木和草地，而变色兔身上的毛也会全部换成新鲜茶叶的颜色，人们只看见一团绿色的东西在树丛里和草地上蹿来蹿去，却看不清是什么。有时，连狡猾的狐狸也会被骗过。一到冬天，大兴安岭就变成一片白色的世界，这个时候的变色兔身上的毛变成了雪白的“毛衣”，既保暖抗寒，又避免被敌害发现。变色兔正是因为能随季节的变化而改变毛色，从而与周围环境相适应，才使自己得以巧妙地生存下来。

这告诉人们：当你发现环境或他人对你的生活和目标有所影响的时候，就要努力改变自己。正所谓：“穷则变，变则通。”周围的环境是不断变化的，人们必须不断调节自己的行为才能适应这种变化。面对新的学校、班级、老师、同学，学习任务需要适应；面临陌生的人、陌生的事、紧急情况、危险情况需要适应；对于自己的成长变化、困境也同样需要适应。环境适应能力是人类战胜自然、改造社会、改造自己的必备素质。

本次学习任务就是通过 4 个教学活动，即“构建和谐人际交往图”“制定改善沟通状况计划表”“绘制潜能冰山图”“制定职业生涯规划书”，从不同层面训练环境适应能力，让学生认识到和谐的人际关系和良好的沟通能力对心理健康和个体生活的重要性；能正确地认识自己的能力，知道自己存在一定的潜能，形成开发自我潜能的意愿；能审视自我，对自己未来的职业生涯有一定的规划，并形成职业生涯规划书。最终，完成自我环境适应能力分析报告。

学习任务要求

①研读任务书，依据任务描述及情境把握任务书的关键点；

②自觉遵守课堂纪律和规范，积极配合教师开展教学；

③积极参与素质拓展训练活动，主动分享个人观点；

④按要求完成指定任务，能独立学习或在团队中合作完成任务；

⑤团队任务中，积极与他人沟通、合作；

⑥能够根据评价标准，客观地开展自我评价和相互评价；

⑦能根据任务三学习评价表的评价结果，主动调整自己的行动。

学习目标

通过本次任务的学习，你应该能够：

①识读任务书，把握任务书的要点；

②积极思考，良好地融入团队，在团队中贡献自己的力量；

③有较强的执行力，独立或与他人合作完成学习任务；

④意识到人际关系的重要性，有主动与人建立和谐人际关系的意愿；

⑤认识到沟通的重要性，在人际沟通体验活动中总结沟通的技巧；

⑥了解潜能的特点，掌握潜能开发的方法，形成主动开发潜能的意愿；

⑦了解职业生涯规划的含义，掌握职业生涯规划的方法，形成自己的职业生涯规划书。

进度计划（表 3–1）

表 3–1　“环境适应能力训练”进度计划

序号	具体内容	时间安排（课时）
1	构建和谐人际交往图	2
2	制定改善沟通状况计划表	2
3	绘制潜能冰山图	2
4	制定职业生涯规划书	2

学习活动 1　构建和谐人际交往图

建议学时：2 课时。

学习地点：教室。

学习准备：多媒体设备、任务书、手机、相关学材。

学习要求：通过该活动，能够理解人际交往基本原则和建立良好人际交往的具体方法。具体要求如表 3–2 所示。

表 3–2　教学流程

序号	活动步骤	要求	时间分配（分钟）	备注
1	明确任务	能够激发学习热情和学习兴趣，理解学习任务和学习目标	5	
2	获取资讯 生生互动	理解人际关系概念、本质及人际交往基本原则	25	
3	任务实施 师生互动	通过活动体验和视频能够深入理解人际关系的本质和技巧，通过练习和小组讨论构建和谐人际交往图	40	
4	评价总结	积极参与学习成果展示，客观进行自评和互评	20	

学习任务：人际关系包括同学关系、师生关系、家庭关系、网络关系等。同学、家人、老师、朋友是我们学生时期频繁接触的人，是影响我们心理健康的重要因素。因此，请同学们认真参与本次课程的学习，完成构建和谐人际交往图（图 3–1）。

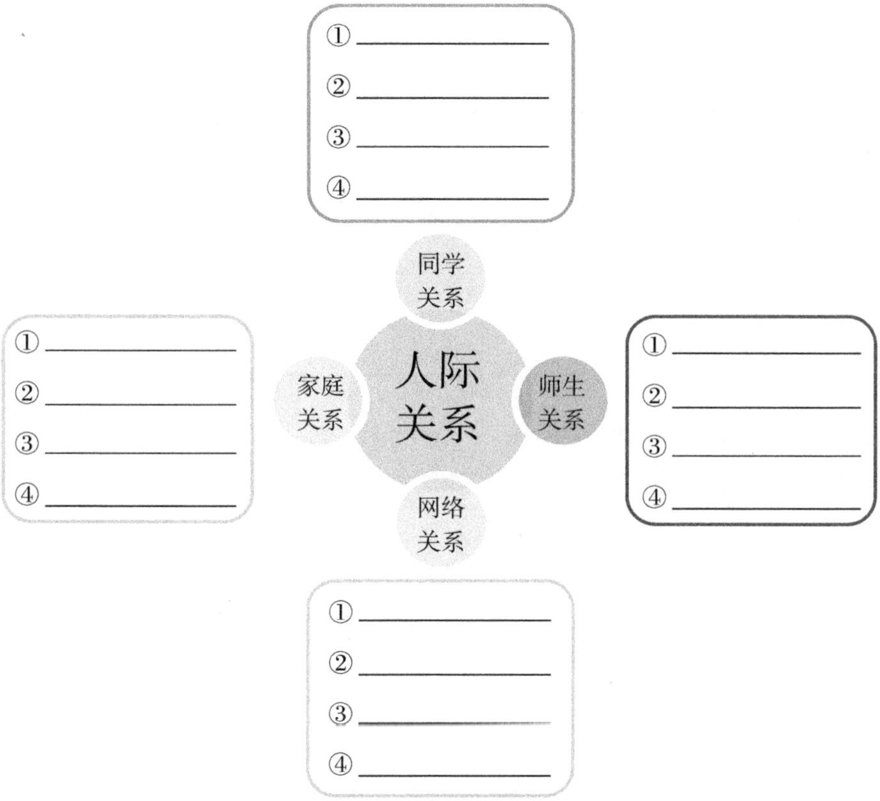

图 3–1　人际交往图

学习过程：

一、理解人际关系的含义

1. 认识人际交往的重要性

心理实验：曾有心理学家做过这样一个实验，以每小时 100 元的酬金聘人待在一个小房间里，这个房间与世隔绝，没有报纸、手机、电脑、书籍等学习和娱乐设施，也不让其他人进入。

①你觉得在这样的房间，人可以坚持多久？为什么？

____

____

②这个实验反映了什么？

____

____

2. 了解人际关系的概念及特点

①人与人之间都有哪些人际关系？

②阅读材料《人际关系概述》，总结并记录人际关系的概念及其特点。

二、认清人际关系的本质

1. 情景讨论：囚徒困境

某日，一位富翁家中财物被盗，富翁身受重伤。警方抓到甲、乙两个犯罪嫌疑人，但没有足够证据指控两人入罪。于是警方将两人隔离审讯，并向双方提供以下相同的选择：

a. 如果两人都招供，则两人各被判刑 5 年。

b. 如果两人都不招供，将各被判刑 1 年。

c. 如果一人招供另一人不招供。招供者将无罪释放，另一人将被重判 10 年。

①你认为囚犯会做出怎样的选择？为什么？

②怎样的选择对双方都最有利？

③这让你对人际关系有了怎样的认识？

2. 小游戏：红黑对决

（1）游戏规则

a. 两个人背对背站立，游戏期间不能沟通；

b. 每人手中两张扑克牌，均为一红一黑；

c. 每轮思考后，两人各出一张牌；

d. 必须在本轮出牌结果被接纳后才能知道对方本轮出牌结果；

e. 游戏的目的是为了赢，方法是累积最大的正分（重复说多次）。

（2）得分规则（表 3–3）

表 3–3　得分规则

姓名	得分 1	得分 2	得分 3（×2）	得分 4	得分 5	得分 6（×3）	得分 7	得分 8	得分 9	得分 10（×4）	总分
计分方式： 1. 都出黑牌，各 +3 分； 2. 一黑一红，红牌 +5 分，黑牌 –5 分； 3. 都出红牌，各 –3 分											

（3）结果及讨论

①最好的游戏结果是什么？

____

____

②出黑牌意味着什么？出红牌意味着什么？

____

____

③通过这个游戏，你对人际关系有了怎样的认识？

____

____

三、掌握人际交往的基本原则

观看视频《人际交往的原则和技巧》，思考、分析并记录人际交往需要遵循的基本原则。

____

____

四、人际关系体验

1. 素质拓展活动：穿越雷区

（1）活动情境

小组所有成员（8～10人）都是战争时期的通信员。在一个漆黑的夜晚，有一份紧急情报需要尽快递交到军事指挥部，而路程是布满地雷的单行狭窄小道，幸运的是我们对地雷的分布非常熟悉。所有通信员要以接力的形式穿越雷区，将情报快速安全地送达目的地。

（2）操作规则

①小组所有人必须穿越雷区，每次仅限一人穿越，即踏入雷区的只能是同一个人的两只脚。

②穿越雷区者需紧闭双眼。

③穿越路线是从起点出发，绕过所有地雷到达终点线。

④如有触雷或超出雷区，即回到起点。

⑤参与活动的小组可发言，其他人禁言。

⑥计时方式：记录小组内每个人的完成时间及各小组总时间。

（3）记录你所用时间和小组总时间

____

____

2. 交流分享

①闭着眼睛穿越雷区，会出现哪些困难？

____

____

②活动中你有主动寻求与队友合作吗？说明了什么道理？

____

____

③指导同组队友时，是否考虑过你们是竞争关系？竞争会给我们的行为带来什么变化？

____

____

④作为指导者和被指导者，有哪些不同的感受？

____

____

⑤这个活动，还引发了你哪些思考？

____

____

3. 完成构建和谐人际交往图的任务填写

五、学习评价表（表 3–4）

表 3–4　学习评价表

<table>
<tr><th colspan="3">评分项目</th><th>配分</th><th>评分细则</th><th>自我评价</th><th>他人评价</th><th>教师评价</th></tr>
<tr><td rowspan="9">素养（30分）</td><td rowspan="4">纪律情况（15 分）</td><td>不迟到早退，不随意外出</td><td>5</td><td>违反一次扣 2 分</td><td></td><td></td><td></td></tr>
<tr><td>不玩手机，不睡觉</td><td>5</td><td>违反一次扣 3 分</td><td></td><td></td><td></td></tr>
<tr><td>学习用品准备齐全</td><td>5</td><td>缺少书、笔、本等每项扣 2 分</td><td></td><td></td><td></td></tr>
<tr><td>执行教师命令</td><td>0</td><td>此为否定项，违规酌情扣 10 ～ 100 分，违反校规按校规处理</td><td></td><td></td><td></td></tr>
<tr><td rowspan="2">5s（5 分）</td><td>桌面整洁干净</td><td>2</td><td>合格得 2 分，不合格不得分</td><td></td><td></td><td></td></tr>
<tr><td>仪容仪表规范</td><td>3</td><td>合格得 3 分，不合格扣 1 ～ 3 分</td><td></td><td></td><td></td></tr>
<tr><td rowspan="3">核心素养（10 分）</td><td>学习主动性</td><td>3</td><td>根据参与活动情况得 1 ～ 3 分</td><td></td><td></td><td></td></tr>
<tr><td>沟通能力</td><td>3</td><td>根据参与沟通、讨论的积极性得 1 ～ 3 分</td><td></td><td></td><td></td></tr>
<tr><td>团队合作</td><td>4</td><td>根据合作意愿和履行职责情况得 1 ～ 4 分</td><td></td><td></td><td></td></tr>
</table>

续表

<table>
<tr><td colspan="3">评分项目</td><td>配分</td><td>评分细则</td><td>自我评价</td><td>他人评价</td><td>教师评价</td></tr>
<tr><td rowspan="4">专业能力（40分）</td><td rowspan="4">构建和谐人际交往图(40分)</td><td>积极参与拓展活动体验</td><td>10</td><td>按照合教师要求参与活动，视情况得 1 ~ 10 分</td><td></td><td></td><td></td></tr>
<tr><td>理解并记录人际交往原则</td><td>10</td><td>能理解知识点并记笔记，视情况得 1 ~ 10 分</td><td></td><td></td><td></td></tr>
<tr><td>讨论、理解建立良好人际交往的方法</td><td>10</td><td>能积极参与讨论，理解、掌握、记录知识点内容，视情况得 1 ~ 10 分</td><td></td><td></td><td></td></tr>
<tr><td>完成学习任务</td><td>10</td><td>积极参与互动并完成任务单，视情况得 1 ~ 10 分</td><td></td><td></td><td></td></tr>
<tr><td rowspan="4">任务书完成情况（30分）</td><td rowspan="4">按时保质保量完成任务书（30分）</td><td>按时完成</td><td>5</td><td>按时提交得 5 分，迟交不得分</td><td></td><td></td><td></td></tr>
<tr><td>内容完成程度</td><td>10</td><td>视情况得 1 ~ 10 分</td><td></td><td></td><td></td></tr>
<tr><td>格式规范与内容准确性</td><td>10</td><td>视情况得 1 ~ 10 分</td><td></td><td></td><td></td></tr>
<tr><td>书面整洁度</td><td>5</td><td>视情况得 1 ~ 5 分</td><td></td><td></td><td></td></tr>
<tr><td colspan="5">总分</td><td></td><td></td><td></td></tr>
<tr><td colspan="5">综合得分（自我评价 20%，他人评价 30%，教师评价 50%）</td><td colspan="3"></td></tr>
<tr><td colspan="4">教师评价签字：</td><td colspan="4">他人评价签字：</td></tr>
<tr><td colspan="8">请你根据以上打分情况，对本次课的学习状态进行总体评述（从素养的自我提升方面、专业能力的提升方面进行评述，分析自己的不足之处，并提出改进措施）：</td></tr>
<tr><td colspan="8">教师指导意见：</td></tr>
</table>

学习活动 2　制定改善沟通状况计划表

建议学时：2 课时。

学习地点：教室。

学习准备：多媒体设备、任务书、手机、相关学材。

学习要求：通过该活动，我们要反思自己的沟通状况，并完成改善沟通的具体方法和行动。具体要求如表 3–5 所示。

表 3–5　教学流程

序号	活动步骤	要求	时间分配（分钟）	备注
1	明确任务	能够激发学习热情和学习兴趣，理解学习任务和学习目标	5	
2	获取资讯 生生互动	了解人际沟通概念，学会常见的人际沟通技巧	35	
3	任务实施 师生互动	通过课堂活动完成人际沟通状况改善表	35	
4	评价总结	客观进行自评、互评，进行学习反思	15	

学习任务：你希望提高自己的沟通能力和改善沟通状况吗？请为自己制订一份详细的、循序渐进的改善计划（表 3–6），并将选定的改善目标和实际生活联系在一起，转化成可以在日常生活中实施的具体做法。

表 3–6　评价自己的沟通状况

指导语：请客观、认真地回答以下问题，了解自己在哪些情境中与哪些人的沟通状况较为理想，在哪些情境中与哪些人的沟通需要着力改善		
序号	项目	回答
1	对哪些情境的沟通感到愉快	
2	对哪些情境的沟通感到有心理压力	
3	最愿意与谁沟通	
4	最不喜欢与谁沟通	

续表

<table>
<tr><td>序号</td><td>项目</td><td>回答</td></tr>
<tr><td>5</td><td>是否经常与多数人保持愉快的沟通</td><td></td></tr>
<tr><td>6</td><td>是否常感到自己的意思没有表达清楚</td><td></td></tr>
<tr><td>7</td><td>是否常误解别人，事后才发觉自己错了</td><td></td></tr>
<tr><td>8</td><td>是否与朋友保持经常性联系</td><td></td></tr>
<tr><td>9</td><td>是否经常懒得给人发信息或打电话</td><td></td></tr>
<tr><td colspan="3">改善自己沟通状况计划</td></tr>
<tr><td colspan="3">通过对自己人际沟通状况的评价，我了解到自己的不足，决定改善自我的沟通状况，现制订如下计划：</td></tr>
<tr><td>我要改善的内容</td><td colspan="2">①____________
②____________
③____________
④____________
⑤____________</td></tr>
<tr><td>我的具体做法</td><td colspan="2">①____________
②____________
③____________
④____________
⑤____________</td></tr>
<tr><td colspan="3">姓名：
日期：　　年　月　日</td></tr>
</table>

学习过程：

一、理解人际沟通的内涵

1. 阅读材料《沟通概述》，写出关键词，了解人际沟通的概念

____

____

____

2. 掌握人际沟通的流程

（1）活动：我说你画

①第一轮请一名同学上台担任“传达者”，其余人员作为“倾听者”。“传达者”用两分钟时间看样图 1，然后背对全体“倾听者”，下达画图指令。

②“倾听者”根据“传达者”的指令画出样图 1 上的图形，“倾听者”不许提问。

③第二轮再请一名同学上台，看着样图 2，面对“倾听者”传达画图指令，其中允许“倾听者”不断提问，看看这一轮的结果如何？

（2）活动反思

①对比两轮的结果，哪一轮画得更好，为什么？

____

____

②通过这个活动，你觉得人际沟通过程包括哪些组成部分或环节？

____

____

③在沟通中，哪些部分或环节容易出现问题？

____

____

④有效的沟通需要注意些什么？

____

____

（3）阅读材料《沟通概述》，理解、记录人际沟通流程（图 3–2）

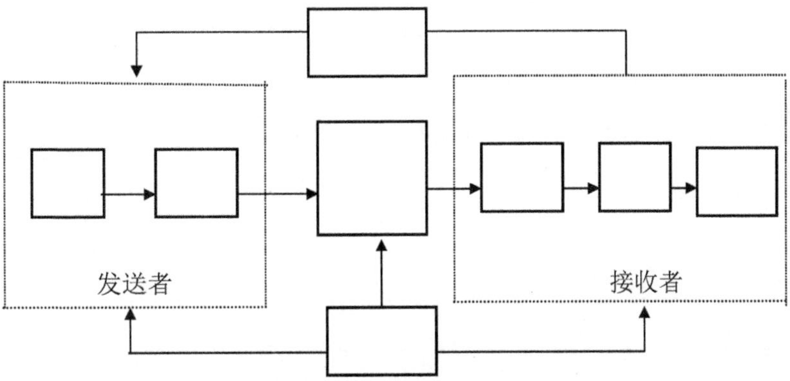

图 3–2　人际沟通流程

3. 体验人际沟通（非言语沟通）

（1）素质拓展活动：生日排序

活动规则：

① 14 ～ 16 人为一组，站成一排；

②活动过程中，不能发出声音，不能使用书面文字或其他工具；

③按照每个人生日中的“月”和“日”排序（不包括“年”，1 月 1 日为最大，12 月 31 日为最小）；

④多个组情况下，排序正确为胜者；都正确的情况下，时间短者获胜。

（2）活动反思

在这个活动中，你对沟通有怎样的认识？

二、学习人际沟通技巧

1. 头脑风暴

在我们身边，总能看到一些人非常受欢迎，与他交流能侃侃而谈。那么，在人际交往的过程中，有哪些与他人进行良好、有效沟通的技巧呢？请将你的答案填入框内（图 3–3）。

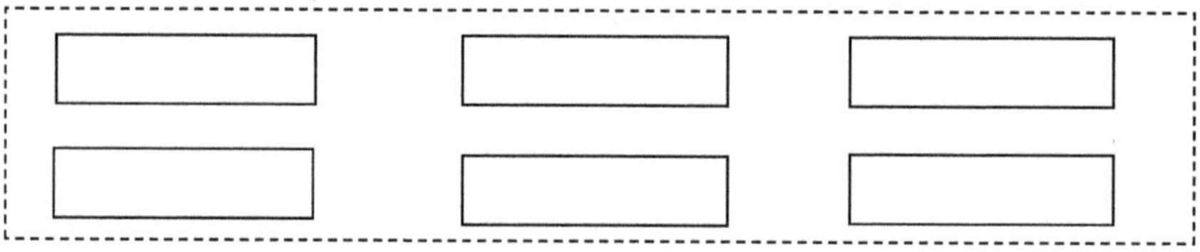

图 3–3　沟通的技巧

2. 阅读材料《沟通概述》，了解常见的人际沟通技巧

三、沟通能力体验式训练

1. 素质拓展活动：顺序翻牌

（1）活动规则

①在每组正前方的桌子上，反扣着多张扑克牌。

②要求每组队员必须按顺序以最快速度把桌子上的扑克牌按照从小到大的顺序（A至K）依次打开。

③每组成员按顺序站成纵队，游戏开始后严格按照顺序跑到前面的桌子旁打开扑克牌，不能打乱顺序。上一位队员返回到起点并与下一位队员击掌后，下一位队员才可以开始跑。返回队伍的队员自动站到队尾。

④每位上台队员只能翻一张牌，不管正确与否立即返回换下一名队员。

⑤当翻开的号码不正确时，要把牌扣上；当号码正确时，将牌正面朝上。

（2）交流分享

①最初你以为这个游戏任务难吗？后来的实际情况如何呢？

____

____

②相同规则下的后一轮游戏一般会比上一轮有进步，为什么？

____

____

③你们小组集体商讨的方案，大家执行到位吗？为什么？

____

____

④这个游戏除了比拼速度，还比拼什么？

____

____

⑤从这个游戏中，你有哪些启发和感悟？

____

____

2. 制定改善沟通状况计划表

四、学习评价表（表 3–7）

表 3–7　学习评价表

评分项目			配分	评分细则	自我评价	他人评价	教师评价
素养（30分）	纪律情况（15分）	不迟到早退，不随意外出	5	违反一次扣 2 分			
		不玩手机，不睡觉	5	违反一次扣 3 分			
		学习用品准备齐全	5	缺少书、笔、本等每项扣 2 分			
		执行教师命令	0	此为否定项，违规酌情扣 10 ～ 100 分，违反校规按校规处理			
	5s（5 分）	桌面整洁干净	2	合格得 2 分，不合格不得分			
		仪容仪表规范	3	合格得 3 分，不合格扣 1 ～ 3 分			
	核心素养（10 分）	学习主动性	3	根据参与活动情况得 1 ～ 3 分			
		沟通能力	3	根据参与沟通、讨论的积极性得 1 ～ 3 分			
		团队合作	4	根据合作意愿和履行职责情况得 1 ～ 4 分			
专业能力（40 分）	制定改善沟通状况计划表（40 分）	积极参与拓展活动体验	10	按照教师要求参与活动，视情况得 1 ～ 10 分			
		理解并记录人际沟通概念	10	能理解知识点并记笔记，视情况得 1 ～ 10 分			
		讨论、学习人际沟通的技巧	10	能积极参与讨论，理解、掌握、记录知识点内容，视情况得 1 ～ 10 分			
		完成学习任务	10	积极参与互动并完成任务单，视情况得 1 ～ 10 分			

续表

<table>
<tr><td colspan="3">评分项目</td><td>配分</td><td>评分细则</td><td>自我评价</td><td>他人评价</td><td>教师评价</td></tr>
<tr><td rowspan="4">任务书完成情况（30分）</td><td rowspan="4">按时保质保量完成任务书（30分）</td><td>按时完成</td><td>5</td><td>按时提交得5分，迟交不得分</td><td></td><td></td><td></td></tr>
<tr><td>内容完成程度</td><td>10</td><td>视情况得1～10分</td><td></td><td></td><td></td></tr>
<tr><td>格式规范与内容准确性</td><td>10</td><td>视情况得1～10分</td><td></td><td></td><td></td></tr>
<tr><td>书面整洁度</td><td>5</td><td>视情况得1～5分</td><td></td><td></td><td></td></tr>
<tr><td colspan="5">总分</td><td></td><td></td><td></td></tr>
<tr><td colspan="5">综合得分（自我评价20%，他人评价30%，教师评价50%）</td><td colspan="3"></td></tr>
<tr><td colspan="4">教师评价签字：</td><td colspan="4">他人评价签字：</td></tr>
<tr><td colspan="8">请你根据以上打分情况，对本次课的学习状态进行总体评述（从素养的自我提升方面、专业能力的提升方面进行评述，分析自己的不足之处，并提出改进措施）：</td></tr>
<tr><td colspan="8">教师指导意见：</td></tr>
</table>

学习活动 3　绘制潜能冰山图

建议学时：2 课时。

学习地点：教室。

学习准备：多媒体设备、任务书、手机、相关学材。

学习要求：通过该活动，能够正确分析自己，发现自己的潜能，并完成开发自身潜能的具体方法和行动方案。具体要求如表 3-8 所示。

表 3-8　教学流程

序号	活动步骤	要求	时间分配（分钟）	备注
1	明确任务	能够激发学习热情和学习兴趣，理解学习任务和学习目标	5	
2	获取资讯 生生互动	能够了解潜能的含义及特点；理解多元智能理论，学习潜能开发训练的方法	35	
3	任务实施 师生互动	能够认识自我的潜能，正确分析自我，并绘制潜能冰山图，完成开发自身潜能的具体方法和行动方案	35	
4	评价总结	积极参与学习成果分享，客观进行自评、互评和学习反思	15	

学习任务：请对照多元智能理论的 8 个方面的智能，以“冰山”的形式绘制自己的潜能图（图 3-4），并思考讨论开发潜能的具体方法和具体行动。

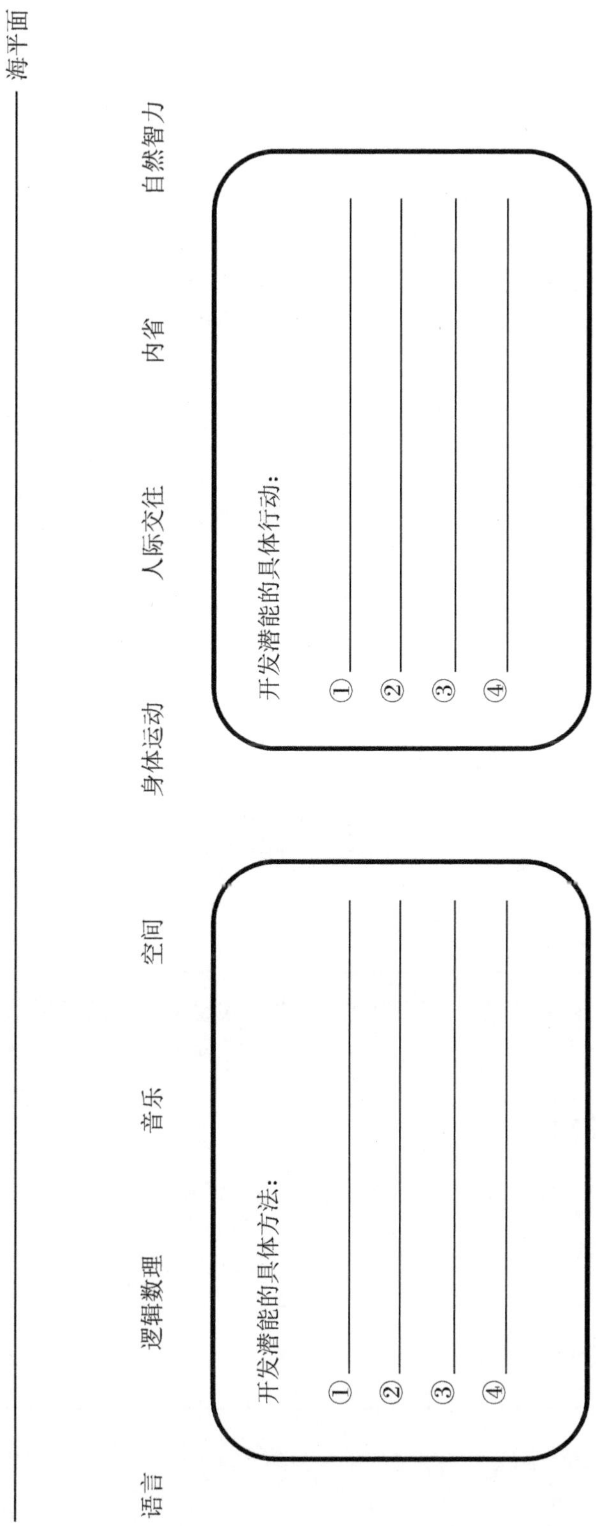
海平面
语言
逻辑数理
音乐
空间
身体运动
人际交往
内省
自然智力
开发潜能的具体方法：
①
②
③
④
开发潜能的具体行动：
①
②
③
④

图 3-4　潜能冰山图

学习过程：

一、了解潜能的含义及其特点

①阅读信息页《潜能开发》，理解并记录潜能的概念。

____

____

②观看冰山图并阅读信息页《潜能开发》，总结提炼潜能的特点。

____

____

____

二、认识自我的潜能

①人一分钟能鼓掌多少次？实际次数与你想象的一样吗？为什么？

____

____

②根据多元智能理论，人具有哪些方面的智能？

____

____

____

____

③活动：请对照 8 个方面的智能，以“冰山”的形式绘制自己的潜能图，完成相应学习任务。

三、掌握潜能开发训练的方法

1. 阅读教材和信息页，根据心理学实验及案例，理解潜能开发训练方法

潜能开发训练方法一：______________________________

____

2. 活动：“口”字加两笔可以写出多少个汉字

____

____

潜能开发训练方法二：____

____

3. 活动：挑战记忆力

观看教师给出的图片，以最快速度记忆。

潜能开发训练方法三：____

____

4. 素质拓展活动：交通堵塞

（1）活动情境

有“日村”和“月村”两个村庄隔水相望，只有一座石桥相连，河的源头就是从两个村里的日泉和月泉流出的。两个村庄都流传着这样的一个传说：只要在每年的阴历七月初七正午十二时，到对方村庄中的泉眼中喝一碗刚刚涌出的泉水，就能满足人的一个愿望。可每年都没有人成功，原因就是连接两村的那座石桥，石桥一次只能一个人通过。但两边的人都要在十二时通过石桥喝到泉水才可以实现愿望，所以他们都非常着急，争先恐后地过桥，于是就形成了交通堵塞的现象。现在需要大家发挥聪明才智，来实现这个古老的传说。活动时，以 11 个排成一列的方格子代替 11 块石头组成的石桥；最中间的格子空着，其余每格中站一人，在最短的时间内实现位置互换（左边 5 人与右边 5 人位置互换，还留下中间空格）。

（2）活动规则

①每个人可前进一格或跳过一格，但不能后退。

②每格内最多同时站同一个人的一只或两只脚。（隐藏规则：“站在格子里的人可以背着其他人”或“其他人可以踩着站在格子中的人的脚”）

③每个人身体的任何部分不能接触自己所在方格外的地面，也不能接触到方格的边界线，否则即是触雷。

④任何犯规都需要全组返回重做。

（3）交流分享

①要实现位置互换，各组都遇到了哪些困难？又是怎样克服的？

____

____

②完成任务用时多长？你认为你们组的成绩还能更快吗？

____

____

③这个活动给了你哪些启示？

____

____

潜能开发训练方法四：________________________________

____

5. 完成学习任务单填写

四、学习评价表（表 3–9）

表 3–9　学习评价表

评分项目			配分	评分细则	自我评价	他人评价	教师评价
素养（30 分）	纪律情况（15 分）	不迟到早退，不随意外出	5	违反一次扣 2 分			
		不玩手机，不睡觉	5	违反一次扣 3 分			
		学习用品准备齐全	5	缺少书、笔、本等每项扣 2 分			
		执行教师命令	0	此为否定项，违规酌情扣 10 ～ 100 分，违反校规按校规处理			
	5s（5 分）	桌面整洁干净	2	合格得 2 分，不合格不得分			
		仪容仪表规范	3	合格得 3 分，不合格扣 1 ～ 3 分			
	核心素养（10 分）	学习主动性	3	根据参与活动和发言情况得 1 ～ 3 分			
		解决问题	3	能用工具和方法分析自己的潜能，视情况得 1 ～ 3 分			
		团队合作	4	根据合作意愿和履行职责情况得 1 ～ 4 分			

续表

<table>
<tr><td colspan="3">评分项目</td><td>配分</td><td>评分细则</td><td>自我评价</td><td>他人评价</td><td>教师评价</td></tr>
<tr><td rowspan="4">专业能力（40分）</td><td rowspan="4">绘制潜能冰山图（40分）</td><td>能理解潜能的含义及其特点</td><td>10</td><td>能理解知识点并记笔记，视情况得 1 ~ 10 分</td><td></td><td></td><td></td></tr>
<tr><td>积极参与和体验素质拓展活动</td><td>10</td><td>按照教师要求参与活动，视情况得 1 ~ 10 分</td><td></td><td></td><td></td></tr>
<tr><td>掌握潜能开发训练方法</td><td>10</td><td>理解并记录知识点，视情况得 1 ~ 10 分</td><td></td><td></td><td></td></tr>
<tr><td>完成学习任务</td><td>10</td><td>积极参与互动并完成任务单，视情况得 1 ~ 10 分</td><td></td><td></td><td></td></tr>
<tr><td rowspan="4">任务书完成情况（30分）</td><td rowspan="4">按时保质保量完成任务书（30分）</td><td>按时完成</td><td>5</td><td>按时提交得 5 分，迟交不得分</td><td></td><td></td><td></td></tr>
<tr><td>内容完成程度</td><td>10</td><td>视情况得 1 ~ 10 分</td><td></td><td></td><td></td></tr>
<tr><td>格式规范与内容准确性</td><td>10</td><td>视情况得 1 ~ 10 分</td><td></td><td></td><td></td></tr>
<tr><td>书面整洁度</td><td>5</td><td>视情况得 1 ~ 5 分</td><td></td><td></td><td></td></tr>
<tr><td colspan="5">总分</td><td></td><td></td><td></td></tr>
<tr><td colspan="5">综合得分（自我评价 20%，他人评价 30%，教师评价 50%）</td><td colspan="3"></td></tr>
<tr><td colspan="4">教师评价签字：</td><td colspan="4">他人评价签字：</td></tr>
<tr><td colspan="8">请你根据以上打分情况，对本次课的学习状态进行总体评述（从素养的自我提升方面、专业能力的提升方面进行评述，分析自己的不足之处，并提出改进措施）：</td></tr>
<tr><td colspan="8">教师指导意见：</td></tr>
</table>

学习活动 4　制定职业生涯规划书

建议学时：2 课时。

学习地点：教室。

学习准备：多媒体设备、任务书、学习通 APP、相关学材。

学习要求：通过该活动，能够认识职业生涯规划的重要性，并初步制定职业生涯规划书。具体要求如表 3–10 所示。

表 3–10　教学流程

序号	活动步骤	要求	时间分配（分钟）	备注
1	明确任务	能够激发学习热情和学习兴趣，理解学习任务和学习目标	5	
2	获取资讯 生生互动	能够认识职业生涯规划的重要性，了解生涯规划的含义和方法	35	
3	任务实施 师生互动	能够通过独立思考和讨论，完成个人职业生涯规划书	40	
4	评价总结	积极参与成果分享，客观进行自评、互评和学习反思	10	

学习任务：制定职业生涯规划书（表 3–11）。

表 3–11　职业生涯规划书

姓名：	性别：	专业：
自我分析		
兴趣爱好：		
性格特点：		
专业技能：		
人际关系：		
学习成绩：		
其他		

续表

职业生涯分析
专业前景分析（政治、经济、社会）：
职业选择
自我性格、兴趣、特长、内外环境与职业的匹配度分析和适应性分析：
行动计划制订
个人能力： 专业知识： 潜能开发： 其他：
评估与回馈
修订内容包括职业的重新选择、职业生涯路线的选择、人生目标的修正、实施措施与计划的变更等：

学习过程：

一、职业生涯规划的重要性

1. 请思考以下几个问题

①我是谁？

②我想干什么？

③我能干什么？

④环境支持或允许我干什么？

⑤社会需要什么样的人才？

⑥五年后，我要成为什么样的人？

以上问题你能答出几个？答案分别是什么？

____

____

____

2. 阅读教材案例，结合自己的思考，厘清职业生涯规划必要性的原因

____

____

二、了解职业生涯规划的含义

1. 阅读信息页《职业生涯规划概述》，理解、记录职业生涯规划的概念

____

____

2. 辩论活动

工作是找自己喜欢的还是自己适合的？请简述理由。

____

____

3. 阅读教材，总结提炼职业生涯规划的主要内容

____

____

三、职业生涯规划的具体步骤

1. 自我探索

①心理测试：恭喜你！你获得了一次免费度假游的机会，有机会去下列6个岛屿（图3-5）中的一个。唯一的要求是你必须要在这个岛上待满至少半年的时间。请不要考虑其他因素，仅凭自己的兴趣（图3-6）按第一、第二、第三的顺序挑出你最想前往的3个岛屿。

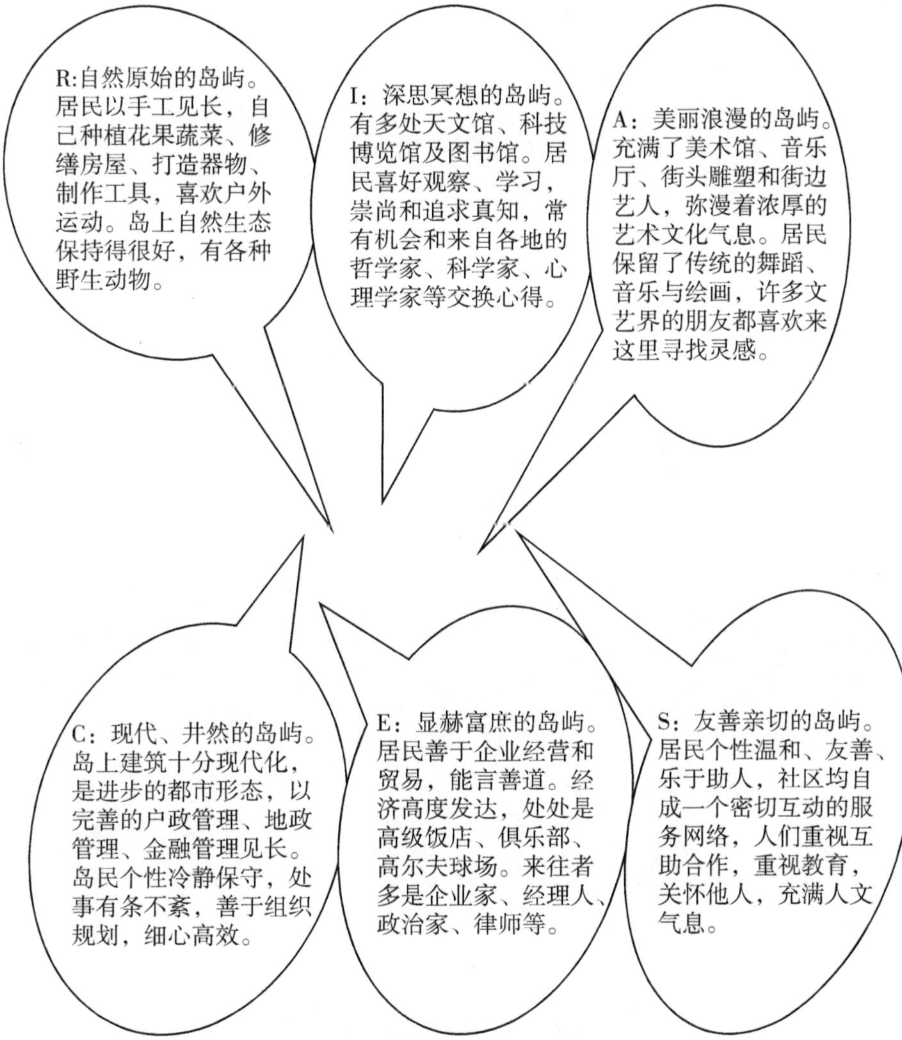

图3-5　6个岛屿

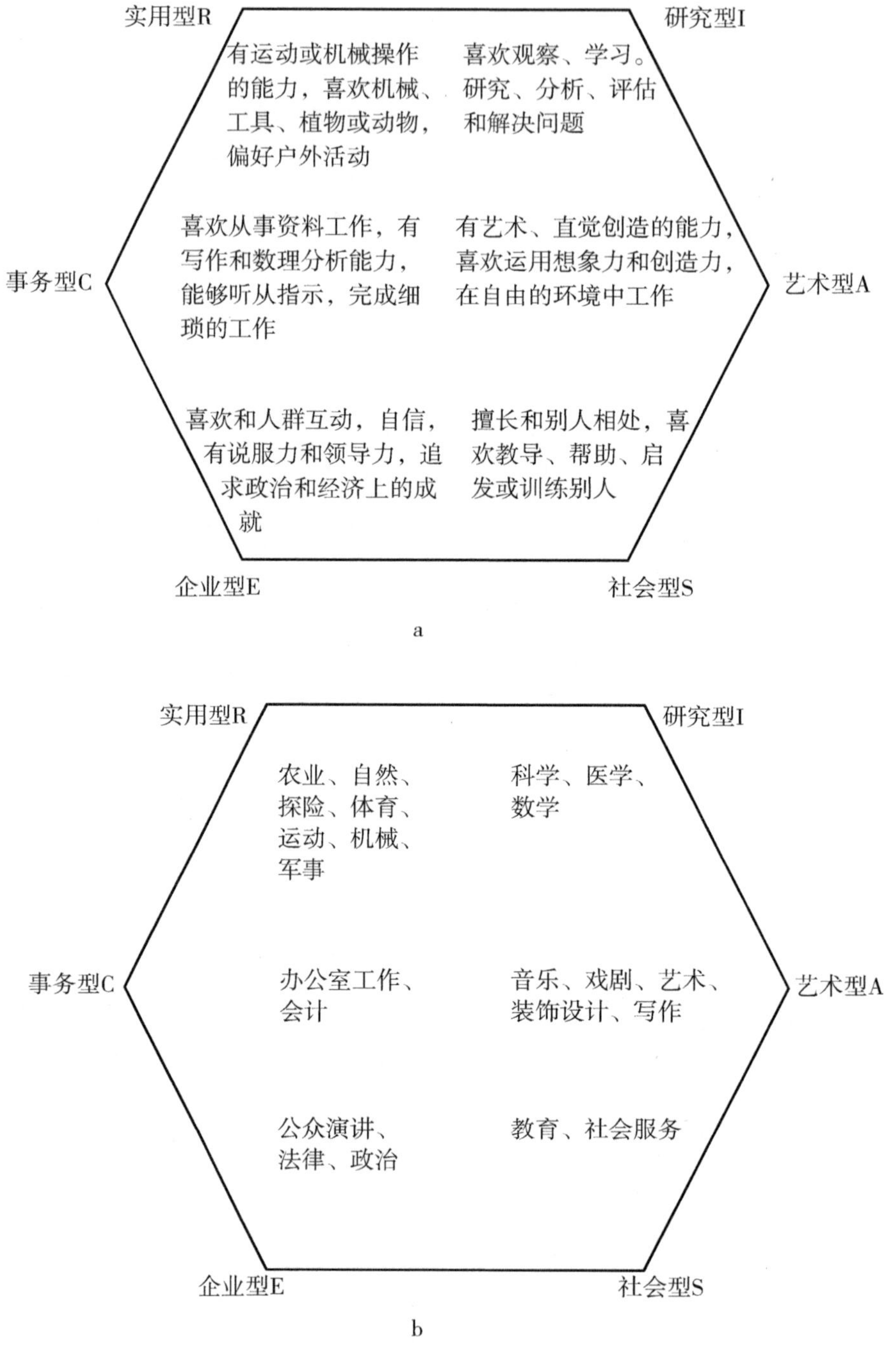

图 3–6 根据兴趣进行选择

②阅读材料《SWOT 分析法》，记录 SWOT 分析法的含义及步骤。

____

____

2. 确定目标

阅读信息页《目标制定的原则》，理解、记录目标制定的 SMART 原则。

S：____

M：____

A：____

R：____

T：____

3. 生涯策略

分析信息页中的职业生涯规划案例，总结归纳出不同方面的行动策略。

____

____

____

4. 生涯评估

根据案例，总结职业生涯规划评估的方法。

____

____

四、学习评价表（表 3–12）

表 3–12　学习评价表

评分项目			配分	评分细则	自我评价	他人评价	教师评价
素养（30分）	纪律情况（15 分）	不迟到早退，不随意外出	5	违反一次扣 2 分			
		不玩手机，不睡觉	5	违反一次扣 3 分			
		学习用品准备齐全	5	缺少书、笔、本等每项扣 2 分			
		执行教师命令	0	此为否定项，违规酌情扣 10 ～ 100 分，违反校规按校规处理			

续表

评分项目			配分	评分细则	自我评价	他人评价	教师评价
素养（30分）	5s（5分）	桌面整洁干净	2	合格得2分，不合格不得分			
		仪容仪表规范	3	合格得3分，不合格扣1～3分			
	核心素养（10分）	学习主动性	3	根据参与活动和发言情况得1～3分			
		自我管理	3	能自我反思，有明确的职业方向和目标，视情况得1～3分			
		工匠精神	4	认真对待专业学习，独立完成学习任务，视情况得1～4分			
专业能力（40分）	制定职业生涯规划书（40分）	能理解职业生涯规划的含义	10	能理解知识点并记笔记，视情况得1～10分			
		积极参与思考和小组讨论	10	按照教师要求参与讨论，视情况得1～10分			
		能够掌握制定职业生涯规划的方法	10	理解记录笔记，视情况得1～10分			
		完成学习任务	10	积极参与互动并完成任务单，视情况得1～10分			
任务书完成情况（30分）	按时保质保量完成任务书（30分）	按时完成	5	按时提交得5分，迟交不得分			
		内容完成程度	10	视情况得1～10分			
		格式规范与内容准确性	10	视情况得1～10分			
		书面整洁度	5	视情况得1～5分			
总分							
综合得分（自我评价20%，他人评价30%，教师评价50%）							
教师评价签字：				他人评价签字：			

续表

请你根据以上打分情况，对本次课的学习状态进行总体评述（从素养的自我提升方面、专业能力的提升方面进行评述，分析自己的不足之处，并提出改进措施）：
教师指导意见：

任务三课后大作业：自我环境适应能力分析报告

要求：

①从人际、潜能及自我规划 3 个方面客观分析自我环境适应能力。

②给 5 年后的自己写个留言。

1. 人际关系及沟通方面

2. 潜能开发方面

3. 生涯规划方面

4. 给 5 年后的自己留言

学习评价如表 3-13 所示。

表 3-13　任务三学习评价表

评分项目			配分	评分细则	自我评价	他人评价	教师评价
素养（30分）	纪律情况（10分）	不迟到早退，不随意外出	3	违反一次扣 2 分			
		不玩手机，不睡觉	4	违反一次扣 2 分			
		学习用品准备齐全	3	缺少书、笔、本等每项扣 1 分			
		执行教师命令	0	此为否定项，违规酌情扣 10 ～ 100 分，违反校规按校规处理			
	5s（5分）	桌面整洁干净	2	合格得 2 分，不合格不得分			
		仪容仪表规范	3	合格得 3 分，不合格扣 1 ～ 3 分			
	核心素养（15分）	学习主动性	3	根据参与活动情况得 1 ～ 3 分			
		沟通能力	2	根据参与沟通、讨论的积极性得 1 ～ 2 分			
		计划与组织	2	根据人员、工具、时间等资源的分配合理性得 1 ～ 2 分			
		自我管理	2	能自我反思，有明确的职业方向和目标，视情况得 1 ～ 2 分			
		团队合作	2	根据合作意愿和履行职责情况得 1 ～ 2 分			
		解决问题	2	能用工具和方法分析自己的潜能，视情况得 1 ～ 2 分			
		工匠精神	2	认真对待专业学习，独立完成学习任务，视情况得 1 ～ 2 分			

续表

评分项目			配分	评分细则	自我评价	他人评价	教师评价
专业能力（40分）	构建和谐人际交往图（10分）	积极参与拓展活动体验	3	按照教师要求参与活动，视情况得1～3分			
		理解并记录人际交往原则	2	能理解知识点并记笔记，视情况得1～2分			
		讨论、理解建立良好人际交往的方法	3	能积极参与讨论，理解、掌握、记录知识点内容，视情况得1～3分			
		完成学习任务	2	积极参与互动并完成任务单，视情况得1～2分			
	制定改善沟通状况计划表（10分）	积极参与拓展活动体验	3	按照教师要求参与活动，视情况得1～3分			
		理解并记录人际沟通概念	2	能理解知识点并记笔记，视情况得1～2分			
		讨论、学习人际沟通的技巧	3	能积极参与讨论，理解、掌握、记录知识点内容，视情况得1～3分			
		完成学习任务	2	积极参与互动并完成任务单，视情况得1～2分			
	绘制潜能冰山图（10分）	能理解潜能的含义及其特点	2	能理解知识点并记笔记，视情况得1～2分			
		积极参与和体验素质拓展活动	3	按照教师要求参与活动，视情况得1～3分			
		掌握潜能开发训练方法	3	理解并记录知识点，视情况得1～3分			
		完成学习任务	2	积极参与互动并完成任务单，视情况得1～2分			
	制定职业生涯规划书（10分）	能理解职业生涯规划的含义	2	能理解知识点并记笔记，视情况得1～2分			
		积极参与思考和小组讨论	3	按照教师要求参与讨论，视情况得1～3分			
		能够掌握制定职业生涯规划的方法	3	理解记录笔记，视情况得1～3分			
		完成学习任务	2	积极参与互动并完成任务单，视情况得1～2分			

续表

<table>
<tr><td colspan="3">评分项目</td><td>配分</td><td>评分细则</td><td>自我评价</td><td>他人评价</td><td>教师评价</td></tr>
<tr><td rowspan="4">任务书完成情况（30分）</td><td rowspan="4">按时保质保量完成任务书（30分）</td><td>按时完成</td><td>5</td><td>按时提交得5分，迟交不得分</td><td></td><td></td><td></td></tr>
<tr><td>内容完成程度</td><td>10</td><td>视情况得1～10分</td><td></td><td></td><td></td></tr>
<tr><td>格式规范与内容准确性</td><td>10</td><td>视情况得1～10分</td><td></td><td></td><td></td></tr>
<tr><td>书面整洁度</td><td>5</td><td>视情况得1～5分</td><td></td><td></td><td></td></tr>
<tr><td colspan="5">总分</td><td></td><td></td><td></td></tr>
<tr><td colspan="5">综合得分（自我评价20%，他人评价30%，教师评价50%）</td><td colspan="3"></td></tr>
<tr><td colspan="4">教师评价签字：</td><td colspan="4">他人评价签字：</td></tr>
<tr><td colspan="8">请你根据以上打分情况，对本次课的学习状态进行总体评述（从素养的自我提升方面、专业能力的提升方面进行评述，分析自己的不足之处，并提出改进措施）：</td></tr>
<tr><td colspan="8">教师指导意见：</td></tr>
</table>

附录　常见心理学效应

1. 酝酿效应

在解决问题的过程中，我们可以发现“把难题放在一边，放上一段时间，才能得到满意的答案”这一现象。心理学家将其称为酝酿效应。

心理学家认为，酝酿过程中，存在潜在的意识层面推理，储存在记忆里的相关信息在潜意识里组合，人们之所以在休息的时候突然找到答案，是因为个体消除了前期的心理紧张，忘记了个体前面不正确的、导致僵局的思路，具有了创造性的思维状态。因此，如果你面临一个难题，不妨先把它放在一边，去和朋友散步、喝茶，或许答案真的会“踏破铁鞋无觅处，得来全不费功夫”。

2. 阿伦森效应

阿伦森效应是指人们喜欢那些对自己喜欢、奖励、赞扬不断增加的人或物，不喜欢那些对自己奖励、赞扬逐渐减少的人或物。

阿伦森效应提醒人们，在日常工作与生活中，应该尽力避免由于自己的表现不当所造成的他人对自己印象不良方向的逆转。同样，它也提醒我们在形成对别人的印象过程中，要避免受阿伦森效应的影响而形成错误的态度。

3. 暗示效应

暗示效应是指在无对抗的情况下，用含蓄、抽象诱导的间接方法对人们的心理和行为产生影响，从而诱导人们按照一定的方式去行动或接受一定的意见，使其思想、行为与暗示者期望的目标相符合。

4. 安泰效应

安泰是古希腊神话中的大力神，他力大无穷、无往不胜。因为他只要站在大地上，就能从大地母亲那里汲取无穷的力量。他的对手发现了这个秘密，便诱使他离开地面，在空中杀死了他。因此，我们要学会依靠大家、依靠集体。

5. 安慰剂效应

所谓安慰剂，是指既无药效，又无毒副作用的由中性物质构成的、形似药的制剂。安慰剂多由葡萄糖、淀粉等无药理作用的惰性物质构成。安慰剂对那些渴求治疗、对医务人员充分信任的患者能产生良好的积极反应，出现希望达到的药效，这种反应就称为安慰剂效应。

6. 巴纳姆效应

一位名叫肖曼·巴纳姆的著名杂技师在评价自己的表演时说，他之所以很受欢迎是因为节目中包含了每个人都喜欢的成分，所以他使得“每一分钟都有人上当受骗”。人们常常认为，一种笼统的、一般性的人格描述十分准确地揭示了自己的特点，心理学将这种倾向称为巴纳姆效应。

7. 半途效应

半途效应是指在激励过程达到半途时，由于心理因素及环境因素的交互作用而导致的对于目标行为的一种负面影响。大量的事实表明，人的目标行为的中止期多发生在“半途”附近，人的目标行为过程的中点附近是一个极其敏感和极其脆弱的活跃区域。导致半途效应的原因主要有两个：一是目标选择的合理性，目标选择越不合理越容易出现半途效应；二是个人的意志力，意志力越弱的人越容易出现半途效应。

8. 贝尔效应

英国学者贝尔天赋极高。有人估计过他毕业后若研究晶体和生物化学，定会获得多次诺贝尔奖。但他却心甘情愿地走上了另一条道路，把一个个开拓性的课题提出来，指引别人登上科学高峰，此举被称为贝尔效应。这一效应要求领导者具有伯乐精神、人梯精神、绿地精神，在人才培养中，要以国家和民族为重，以单位和集体为先，慧眼识才，放手用才，敢于提拔任用能力比自己强的人，积极为有才干的下属创造脱颖而出的机会。

9. 皮格马利翁效应

评价主体低估被评价者能力，认定被评价者是不求上进的、行为差劲的，以致被评价者将这种观念内化，促使被评价者表现不良行为。

10. 波纹效应

在教育学中，波纹效应是指在学习的集体中，教师对有影响力的学生施加压力、实行惩罚，采取讽刺、挖苦等损害人格的做法时，会引起师生对立，出现抗拒现象，有些学生甚至会故意捣乱，出现一波未平、一波又起的情形。这时，教师的影响力往往会下降或消失不见，因为这些学生在集体中有更大的吸引力。

11. 不值得定律

不值得定律最直观的表述：不值得做的事情，就不值得做好。这个定律似乎再简单不过了，但它的重要性却时时被人们疏忘。不值得定律反映出人们的一种心理。一个人如果做的是一件自认为不值得做的事情，往往会保持冷嘲热讽、敷衍了事的态度，不仅成功率小，而且即使成功，也不会觉得有多大的成就感。

12. 超限效应

美国著名幽默作家马克·吐温有一次在教堂听牧师演讲。最初，他觉得牧师讲得很好，使人感动，准备捐款。过了 10 分钟，牧师还没有讲完，他有些不耐烦了，决定只捐一些零钱。又过了 10 分钟，牧师还没有讲完，于是他决定，1 分钱也不捐。当牧师终于结束了冗长的演讲，开始募捐时，马克·吐温由于气愤，不仅未捐钱，还从盘子里偷了 2 元钱。这种刺激过多、过强和作用时间过久而引起极不耐烦或反抗的心理现象，称之为超限效应。

13. 重叠效应

在一前一后的记忆活动中，识记的东西是相似的，对于保存来说是不利的。这是因为重复出现内容相同的东西时，相同性质的东西由于互相抑制、互相干涉而发生了遗忘的结果。柯勒把这种现象命名为重叠效应。

14. 从众效应

有一个成语叫作“三人成虎”，意思是说，有3个人谎报市场上有老虎，听者就会信以为真。这种容易不加分析地接受大多数人认同的观点或行为的心理倾向被称为从众效应。

15. 德西效应

德西效应是指在某些情况下，当外加报酬和内感报酬兼得的时候，不但不会使人们工作的动机力量倍增、积极性更高，反而其效果会降低，变成二者之差，外加报酬（主要是奖励）反而会抵消内感报酬的作用。

16. 得寸进尺效应

美国社会心理学家弗里德曼做了一个有趣的实验：他让助手去访问一些家庭主妇，请求被访问者答应将一个小招牌挂在窗户上，她们答应了。过了半个月，实验者再次登门，要求她们将一个大招牌放在庭院内，这个牌子不仅大，而且很不美观。同时，实验者也向以前没有放过小招牌的家庭主妇提出同样的要求。结果前者有55%的人同意，而后者只有不到17%的人同意，前者占比是后者的3倍多。后来人们把这种心理现象叫作得寸进尺效应。

17. 定势效应

有一个农夫丢失了一把斧头，怀疑是邻居的儿子偷的，于是观察他走路的样子、脸上的表情，感到他的言行举止就像偷斧头的贼。后来农夫找到了丢失的斧头，他再看邻居的儿子时，竟觉得他的言行举止中没有一点偷斧头的模样了。这则故事描述了农夫在心理定势作用下的心理活动过程。所谓心理定势是指人们在认知活动中用“老眼光”——已有的知识经验来看待当前问题的一种心理反应倾向，也叫思维定势或心向。

18. 多看效应

20世纪60年代，心理学家查荣茨做过试验：先向被试出示一些照片，有的出示了20多次，有的出示了10多次，有的只出示一两次，然后请被试评价对照片的喜爱程度。结果发现，被试更喜欢那些看过多次的照片，即看的次数增加了喜欢的程度。这种对越熟悉的东西就越喜欢的现象，心理学上称为多看效应。

19. 光环效应

光环效应又称晕轮效应，是指在观察某个人时，对于他的某种品质或特征有鲜明的知觉，从而掩盖了其他特征。美国心理学家戴恩等人有个研究，让被试看一些照片，照片上的人分别是有魅力的、无魅力的和魅力中等的，然后让被试从与魅力无关的方面去评价这些人，如他们的职业、婚姻、能力等。结果发现，有魅力的人在各方面得到的评分都是较高的，无魅力者则得分较低。这种有魅力的人各方面都好，实际上就是光环效应的典型表现。

20. 海格力斯效应

“以眼还眼，以牙还牙”“以其人之道还治其人之身”“你跟我过不去，我也让你不痛快”，被称为海格力斯效应。这是指一对一的人际互动，是一种人际间或群体间存在的冤冤相报，致使仇恨越来越深的社会心理效应。

21. 环境效应

当回忆时的情境和学习时的情境完全一样时，记忆效果最佳。通常把这一现象称为环境效应。如果你要在某一课堂进行考试，那么在这个课堂学习比在图书馆或宿舍学习更为有利。

22. 霍桑效应

美国芝加哥市郊外的霍桑工厂是一个制造电话交换机的工厂，具有较完善的娱乐设施、医疗制度和养老金制度等，但工人们仍愤愤不平，生产状况也很不理想。为探求原因，1924 年 11 月，美国国家研究委员会组织了一个由心理学家等多方面专家参加的研究小组，在该工厂开展一系列试验研究，中心课题是生产效率与工作物质条件之间的相互关系。这一系列试验研究中有个“谈话试验”，即用两年多的时间，专家们找工人个别谈话两万余人次，规定在谈话过程中，要耐心倾听工人对厂方的各种意见和不满，并做详细记录；对工人的不满意见不准反驳和训斥。这一“谈话试验”收到了意想不到的结果：霍桑工厂的产量大幅提高。这是由于工人长期以来对工厂的各种管理制度和方法有诸多不满，无处发泄，“谈话试验”使他们将这些不满都发泄出来，从而感到心情舒畅、干劲倍增。社会心理学家将这种奇妙的现象称为霍桑效应。

霍桑效应给我们的启示：人在一生中会产生数不清的意愿和情绪，但最终能实现、能满足的却为数不多。对那些未能实现的意愿和未能满足的情绪，切莫压制下去，而要千方百计地让它宣泄出来，这对人的身心和工作都有利。

23. 结伴效应

结伴效应是指两个人或几个人结伴从事相同的一项活动时（并不进行竞赛）相互之间会产生刺激作用，提高活动效率。

24. 近因效应

由于最近了解的东西掩盖了对某人一贯了解的心理现象叫作近因效应。心理学家研究表明，对陌生人的知觉，第一印象有更大的作用；而对于熟悉的人，对他们的新异表现容易产生近因效应。近因效应在学生交往中也是常见的，如两个学生本来相处得很好，甲对乙堪称关怀备至，可是却因最近一次“得罪”了乙，就遭到乙的痛恨，这就属于近因效应的作用。

25. 刻板效应

生活中常可见到这样的例子：青年人往往认为老年人墨守成规；而老年人又往往认为青年人举止轻浮。教授总是白发苍苍、文质彬彬，工人则是身强力壮、举止豪爽等。人们头脑中存在的关于某一类人的固定印象的心理现象被称为刻板效应。

26. 墨菲定律

缘于美国一位名叫墨菲的上尉。他认为他的某位同事是个倒霉蛋，不经意说了句笑话：“如果一件事情有可能被弄糟，让他去做就一定会弄糟。”这句话迅速流传。根据墨菲定律：①任何事都没有表面看起来那么简单；②所有的事都会比你预计的时间长；③会出错的事总会出错；④如果你担心某种情况发生，那么它就更有可能发生。

27. 木桶法则

木桶法则的意思：一只沿口不齐的木桶，它盛水的多少，不在于木桶上那块最长的木板，而在于木桶上最短的那块木板。要想多盛水——提高木桶的整体效应，不是去增加最长的那块木板的长度，而是要下功夫依次补齐木桶上最短的那块木板。

28. 破窗效应

美国心理学家詹巴斗曾经做过一个“偷车实验”：将两辆一模一样的轿车分别放在环境很好的中产阶层社区和环境比较脏乱的贫民区，结果发现贫民区的车很快被偷走了，而另一辆车几天后仍然完好无损；如果将中产阶层社区的那辆车的天窗玻璃打破，几个小时后，那辆车也被偷了。后来，在此实验基础上，美国政治学家威尔逊和犯罪学家凯林提出了有名的“破窗理论”：如果有人打碎了一栋建筑上的一块玻璃，又没有及时修好，别人就可能受到某些暗示性的纵容，去打碎更多的玻璃。

29. 投射效应

投射效应是指在人际交往中，认知者形成对别人的印象时总是假设他人与自己有相同的倾向，即把自己的特性投射到其他人身上。所谓“以小人之心，度君子之腹”，反射的就是这种投射效应的一个侧面。

30. 月曜效应

由于星期日的休息，扰乱了学生的正常生活起居和学习秩序，使学生学习意志下降、注意力分散、精神不振，从而影响了学习的效果，这种现象称为月曜效应。这种效应在每天的早上和下午第一节课中也常会出现，在假期过后的开学那段时间甚为显著。按理说休息之后应该精神倍加、效率提高，但是事实并非如此，而是按照月曜效应规律发展，也有人把它称为月曜病。

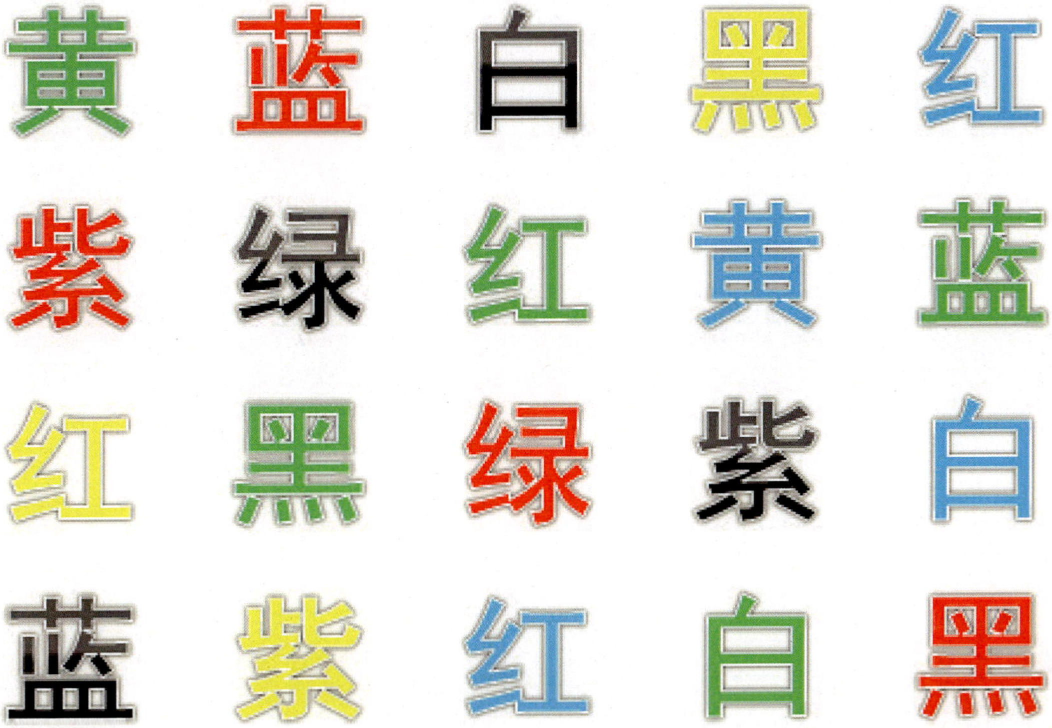

图 1-3 游戏图片